# La prohibition des drogues

*Collection*

## L'Univers des normes

*Sous la direction de*

Alexis CONSTANTIN, université Bretagne Sud (Droit privé)
Henri-Michel CRUCIS, université de Nantes (Droit public)
Jacques LE GOFF, université de Brest (Droit social)
Philippe PORTIER, université Rennes 1 (Science politique)
Sylvain SOLEIL, université Rennes 1 (Histoire du droit)

La collection « L'Univers des normes » contribue à l'exploration des doctrines politiques et de la doctrine juridique par la publication de thèses, d'essais et de colloques. Elle propose, en droit privé, en droit public et en histoire du droit, d'allier technique juridique et réflexion doctrinale autour de thèmes tels que l'élaboration du droit, son contenu et son application. Elle permet, en théorie politique et théorie du droit, de présenter des élaborations philosophiques qui s'efforcent de penser les questions de la norme, de la justice et du lien social.

Jean-Paul MARÉCHAL,
*Éthique et économie. Une opposition artificielle*, 2005, 166 p.

Jacques FIALAIRE (dir.),
*Subsidiarité infranationale et territorialisation des normes. État des lieux et perspectives en droit interne et en droit comparé*, 2005, 172 p.

Jean-Pierre LE CROM (dir.),
*Les acteurs de l'histoire du droit du travail*, 2005, 416 p.

Alain J. LEMAÎTRE et Odile KAMMERER (dir.),
*Le pouvoir réglementaire*, 2004, 274 p.

Jacques LE GOFF,
*Du silence à la parole. Une histoire du droit du travail des années 1830 à nos jours*, 2004, 624 p.

Danielle CHARLES-LE BIHAN (dir.),
*Les instruments juridiques de l'aménagement du territoire de l'Union européenne*, 2004, 264 p.

Anne-Sophie CHAMBOST,
*Proudhon et la norme. Pensée juridique d'un anarchiste*, 2004, 302 p.

Lionel PROUTEAU (dir.),
*Les associations entre bénévolat et logique d'entreprise*, 2003, 218 p.

Yvon LE GALL, Dominique GAURIER et Pierre-Yannick LEGAL (dir.),
*Du droit du travail aux droits de l'humanité*, 2003, 490 p.

Sous la direction de
Renaud COLSON

# La prohibition des drogues

## Regards croisés sur un interdit juridique

Préface d'Henri LECLERC

PUR

**Remerciements**

Que soient ici remerciés les participants à ce travail collectif, et plus particulièrement Serge Karsenty, sans qui ce livre n'aurait jamais vu le jour.

Que soient également remerciés l'Université de Nantes, l'École doctorale « Droit et sciences sociales » et la Faculté de droit et des sciences politiques de Nantes, dont le soutien financier a permis l'organisation du colloque à l'origine de ce livre.

Que soit enfin remerciée la librairie Vent d'Ouest pour sa participation à cette manifestation.

R. C.


UHB Rennes 2 – Campus de La Harpe
2, rue du Doyen Denis-Leroy
35044 RENNES Cedex

Mise en page : Tiphaine Doré pour le compte des PUR

*www.uhb.fr/pur*

imprimé en France

Dépôt légal : 2e semestre 2005
ISBN 2-7535-0111-4

# Les auteurs

Georges APAP, juriste et ancien magistrat, a été procureur de la République à Valence.

Francis CABALLERO, professeur agrégé de droit à l'Université Paris X – Nanterre, diplômé d'Harvard law school, est avocat à la Cour de Paris. Il a notamment publié *Droit de la drogue*, 2e éd., Paris, Dalloz, 2000 (en coll. avec BISIOU Y.).

Igor CHARRAS est historien. Ancien secrétaire général du GERN (Groupe européen de recherche sur les normativités, GDR-E du CNRS), il a publié plusieurs articles sur la genèse et l'évolution de la législation française en matière de stupéfiants.

Renaud COLSON, juriste, est maître de conférences à l'Université de Nantes. il a consacré sa thèse de doctorat aux évolutions de la fonction de juger (*La fonction de juger : Étude historique et positive*, Paris, LGDJ, 2005).

Anne COPPEL, sociologue, est Présidente d'honneur de l'Association française de réduction des risques. Elle a notamment publié *Le Dragon domestique*, Paris, Albin Michel, 1989 (en coll. avec BACHMANN C.), réédité sous le titre *La drogue dans le monde*, Paris, Seuil, 1991 ; *Peut-on civiliser les drogues ? De la guerre à la drogue à la réduction des risques*, Paris, La Découverte, 2002.

Jean DANET, juriste, est ancien président du Syndicat des avocats de France et avocat honoraire. Il est maître de conférences à l'Université de Nantes et membre du laboratoire « Droit et changement social » (UMR CNRS 6028). Il a notamment publié *Défendre : Pour une défense pénale critique*, Paris, Dalloz, 2004.

Jean-Pierre GALLAND, écrivain, est co-fondateur du CIRC (Collectif d'information et de recherche cannabique). Il a notamment publié *Fumée clandestine (1) : Il était une fois le cannabis*, Paris, éd. du Lézard, 1991 ; *Fumée clandestine (2) : le monde est en pétard*, Paris, éd. du Lézard, 1995 ; *Cannabis : Nouvelles du front*, Paris, éd. du Lézard, 1996 ; *J'attends une récolte*, Paris, éd. Trouble-Fête, 2005 (en coll. avec Phix).

Serge KARSENTY, sociologue, est chargé de recherche au CNRS, chercheur au laboratoire « Droit et changement social » (UMR CNRS 6028) et membre du collège scientifique de l'OFDT (Observatoire français des drogues et des toxicomanies). Il a notamment publié *Le Tabac en milieu scolaire*, Paris, OFDT, 2003 (en coll. avec DIAZ-GOMEZ S.) ; *Regards croisés sur le lien social* (dir.), Paris, L'Harmattan, 2005 (en coll. avec BOUGET D.).

Michel KOKOREFF, sociologue, est maître de conférences à l'Univesité Paris V et chercheur au CESAMES (Centre de recherche psychotropes, santé mentale, société, UMR CNRS 8136/Unité INSERM 611). Il a notamment publié *Les mondes de la drogue*, Paris, Odile Jacob, 2000 (en coll. avec DUPREZ D.) ; *La force des quartiers*, Paris, Payot, 2003 ; *Sociologie pénale : Système et expérience*, Ramonville-Saint-Agne, Erès, 2004 (en coll. avec RODRIGUEZ J.).

Alain LABROUSSE, chercheur en sciences sociales, a été directeur de l'Observatoire géopolitique des drogues. Il a coordonné le *Dictionnaire des drogues*, Bruxelles, De Boeck, 2002, et a publié *Géopolitique des drogues*, Paris, PUF, 2004. Il prépare actuellement un livre sur *Les drogues en Afghanistan*.

Henri LECLERC, avocat, est Président d'honneur de la ligue des droits de l'Homme. Il a notamment publié *Un combat pour la justice*, Paris, La Découverte, 1994 ; *La défense*, Les Ullis, Edp Sciences, 2002 (en coll. avec FRIDMAN W. H.).

Olivier MÉNARD est historien du droit. Il est maître de conférences à l'Université de Nantes, membre du laboratoire « Droit et changement social » (UMR CNRS 6028) et vice-président de l'Université.

Fabrice OLIVET, militant associatif, est membre de l'association ASUD (Auto-support des usagers de drogues).

Sylvaine PORET, économiste, est chargée de recherche à l'INRA et chercheuse associée au CREST-LEI (Centre de recherche en économie et statistique, Laboratoire d'économie industrielle). Elle a consacré sa thèse de doctorat à « L'impact des politiques publiques sur le marché des drogues illicites », Paris I – Panthéon Sorbonne, 2002.

André-Michel VENTRE est haut fonctionnaire. Il était, lors de la rédaction de sa contribution, secrétaire général du SCHFPN (Syndicat des commissaires et hauts fonctionnaires de la police nationale). Il a notamment publié *Les polices en France*, Paris, PUF, 2002 (en coll. avec BAUER A.).

Jean-Luc VENISSE, médecin psychiatre, est professeur de psychiatrie et chef du service d'addictologie du centre hospitalo-universitaire de Nantes. Il a notamment publié *Conduites addictives, conduites à risques : Quels liens, quelle prévention ?* (dir.), Issy-les-Moulineaux, Masson, 2002 (en coll. avec BAILLY D. et REYNAUD M.) ; *Médecine et addictions* (dir.), Issy les Moulineaux, Masson, 2005 (en coll. avec BAILLY D. et REYNAUD M.).

# Préface

Henri Leclerc

« L'usage illicite de l'une des substances ou plantes classées comme stupéfiants est puni d'un an d'emprisonnement et de 3 750 euros d'amende. » Cette interdiction a valeur fondatrice de toute la politique conduite dans le domaine des drogues. Bien qu'elle se masque dans le Code la santé publique, c'est d'abord une politique pénale qui frappe d'un interdit absolu les produits classés comme stupéfiants par l'État et dont le Code pénal se charge de réprimer lourdement ceux qui les détiennent, les importent, ou en font commerce. La loi ne donne pas les raisons de ses choix. Elle n'a rien à dire ni sur le plaisir ni sur les dangers. Elle n'a pas même à s'interroger sur le bien et le mal. Elle marque la frontière entre l'interdit et le permis. Un point c'est tout.

Est-il possible de parler sereinement des drogues, de s'interroger sur elles ? La passion obère tout débat et la loi cherche encore à le limiter puisque le Code de la santé publique, encore lui, réprime le fait de présenter l'usage de stupéfiants « sous un jour favorable » et punit celui qui brave cet interdit de cinq ans d'emprisonnement et de 75 000 euros d'amende. Refuser de diaboliser, n'est-ce pas déjà aux yeux de certains franchir la limite de l'interdit ? Heureusement, comme dit la Cour européenne des droits de l'homme, la liberté d'expression vaut « non seulement pour les informations, les idées accueillies avec ferveur ou considérées comme inoffensives ou indifférentes mais aussi pour celles qui heurtent, choquent ou inquiètent l'État, ou une fraction quelconque de la population », et il faut bien espérer qu'un jour elle condamnera cette disposition, car la liberté d'expression est un bien trop précieux pour accepter de la voir s'estomper sur un sujet qui concerne au plus haut point le fonctionnement de notre démocratie. Il faut parler, dialoguer, chercher la vérité et la dire, quelle qu'elle soit, tout simplement, la vérité sur la jouissance et la souffrance, la vérité sur la mort. Et le débat ne saurait se réduire à des affrontements polémiques passionnés ou à des conversations de salon. Il concerne les citoyens et il est important que juristes, chercheurs, scientifiques, médecins, acteurs sociaux, échangent comme ils le font ici leur savoir, leurs expériences et leur compétence, réfléchissent ensemble librement et essaient de frayer un chemin pour notre société démocratique, empêtrée dans ses contradictions et ses dérives. Certes, les points de vue sont différents. Et pas seulement parce que les lieux d'étude, d'observation et d'action des intervenants le sont mais aussi parce que la question des drogues concerne chacun au plus profond de sa conception de la vie, de ses croyances. Et c'est de cette diversité même que peut jaillir de la clarté dans la controverse. Ce livre enrichit la réflexion, aborde de façon critique mais aussi objective le système prohibitionniste qui est le nôtre, l'éclairant tour à tour sous l'angle de la sociologie, de l'histoire, de la politique, de l'économie, de la géopolitique, et bien sûr du droit.

La France en ce domaine s'inscrit dans une politique mondiale et la Commission des stupéfiants de l'ONU ne cesse de prêcher la croisade, d'exiger des États qu'ils continuent l'impitoyable guerre qu'ils mènent depuis des décennies pour éradiquer les drogues interdites. Pendant que se mondialise l'économie libérale et alors que, malgré quelques balbutiements, nous attendons toujours que progresse ce régime de droit rêvé par le préambule de la Déclaration universelle des droits de l'Homme en 1948, une politique mondiale de prohibition et de répression s'est instaurée en matière de drogues. Mais ce n'est pas parce qu'elle se veut universelle qu'elle est pour autant juste. Elle ne saurait nous empêcher, pour savoir ce que nous devons faire, de revenir comme toujours à nos principes fondamentaux. La Déclaration des droits de l'Homme et du Citoyen de 1789 est ferme lorsqu'elle énonce dans son article 4 que « la liberté consiste à pouvoir faire tout ce qui ne nuit pas à autrui » puis, dans l'article 5, que « la loi n'a le droit de défendre que les actions nuisibles à la société ». Voilà qui parait clair. Mais gardons nous toujours d'une confrontation mécanique des principes avec la réalité même si la prescription semble résoudre clairement la difficulté. Il faut aussi se demander si ne se pose pas un problème grave en termes de santé publique, et si les comportements individuels qui, additionnés, constituent un phénomène social, ne nuisent pas à « autrui ». Certes il est absurde de considérer que tout consommateur, quelque soit sa drogue, est un « toxicomane » qu'il faudrait soigner puisque certains produits stupéfiants ne provoquent aucune accoutumance. Mais n'oublions pas le lourd tribut que les consommateurs ont payé, non seulement du fait des overdoses de drogues dures, mais aussi par leurs effets induits et notamment la propagation foudroyante du Sida il y a quinze ans. Cela ne saurait être négligé quand on cherche à définir ou à redéfinir une politique cohérente en la matière. Toutefois, il faut bien constater que les politiques de réduction des risques mises en place dans le courant des années quatre-vingt-dix, plusieurs fois décrites dans l'ouvrage, en particulier par Anne Coppel, ont eu infiniment plus d'effet, en terme de santé publique, que les décennies de répression forcenée assortie de l'alibi de l'alternative thérapeutique donnée aux usagers. Dès lors, en termes de santé publique la sanction pénale ne trouve plus guère de justification face au principe de liberté des comportements individuels.

Il y a aussi l'ordre public. Il est vrai que s'il n'y avait pas de consommateurs, il n'y aurait pas de trafiquants. Et réciproquement. Voilà le genre d'argument de salon qui ne se justifie guère. Certes on ne saurait faire fi, avant tout débat, des conséquences gravissimes pour l'ordre public que provoque le commerce des drogues illicites mais c'est la cause première qu'il faut rechercher si on veut guérir un mal et il est bien normal que l'on s'interroge sérieusement pour savoir si ce n'est pas justement la prohibition qui provoque ce désastre. Et puis n'est-ce pas d'abord au cœur de la vie quotidienne de nos cités que se situe la répression ? Là, la frontière entre l'usager et le trafiquant est incertaine. Et si un tiers des 60 000 détenus des prisons françaises ont été condamnés pour une infraction en relation directe ou indirecte avec les stupéfiants, ce sont pour la plupart d'entre eux des consommateurs, aussi détenteurs ou revendeurs, issus des couches défavorisées. En entraînant l'opinion dans la conviction solidement ancrée que seule une répression implacable arrêtera ce fléau social, présenté à la fois comme une menace sourde et comme l'une des causes principales de l'insécurité. En jouant sur les peurs, en remplissant les prisons, on rassure peut-être, mais on ne fait qu'amplifier le problème. Comme en matière de lutte contre le terrorisme, au nom de la volonté d'éradication de la drogue, on fait accepter une législation d'exception qui désarticule peu à peu les règles séculaires protectrices de la sûreté individuelle. Des perquisitions de nuit à la garde vue de quatre jours sans aucun contact avec un avocat pendant soixante-douze heures, de l'allongement des règles de prescription à la mise en place de juridictions criminelles spéciales jugeant sans jurés et sans motivation, peu à peu, l'exception fait tâche d'huile et contamine tout le Code de procédure pénale qui détermine les règles selon lesquelles on peut arrêter, accuser ou détenir. Voilà qui est cher payé en termes de démocratie pour un résultat plus qu'incertain. Le récit de cette dérive exposé par Jean Danet et abordé par plusieurs auteurs, montre le coût de cette politique en matière de démocratie.

Le plus étonnant n'est-il pas que cette politique répressive implacable qui s'abat théoriquement avec la même vigueur, quelque soit la drogue en cause, n'empêche pas que près de la moitié des mineurs de quinze ans ont consommé au moins une fois déjà du cannabis et que ces comportements interdits sont devenus une pratique de vie. Non, bien sûr, qu'il soit souhaitable au nom d'une application rigoureuse de la loi de mettre ces consommateurs en prison, mais que signifie un interdit qui donne à la police et à la justice des pouvoirs aussi exceptionnels pour surveiller, infiltrer, perquisitionner, arrêter, retenir, poursuivre, soigner éventuellement et plus souvent emprisonner, si dans le même temps, une violation de masse de l'interdit existe ? Le choix des poursuites flirte alors avec l'arbitraire, sert d'instrument de surveillance et de contrainte des milieux exclus, mais comment ne pas voir que cette réalité illégale amenuise aussi l'image de la loi. Comme le dit Michel Kokoreff, on discrédite ainsi l'action publique. Alors, face à cette absurdité : faut-il dépénaliser l'usage ou, comme le propose depuis longtemps Francis Caballero, organiser une légalisation contrôlée pour lutter contre l'abus ? En fait, en ce domaine, le courage politique est difficile et il faut bien constater l'extrême frilosité des partis qui hésitent à affronter une opinion convaincue de la nécessité d'une éradication dont chacun sait qu'elle est impossible, ne serait-ce que parce que le marché de la drogue, bien qu'illégal, s'inscrit dans une économie libérale mondialisée dont la puissance d'adaptation est remarquable comme le montre la très intéressante analyse de Sylvaine Poret.

Au nom de cette lutte pour l'éradication des drogues illicites, les pays riches qui firent une guerre militaire sanglante à la Chine au XIXe siècle pour lui imposer d'ouvrir ses frontières à l'opium au nom de la liberté du commerce, croient aujourd'hui qu'ils pourraient assécher le marché en détruisant la production des matières premières, pavot, coca, haschisch dans les pays pauvres. Faut-il rappeler que seuls y sont parvenus les Chinois sous la férule du parti communiste et l'Afghanistan sous celles des Talibans. La culture du pavot y a repris comme celle du coca au Pérou, en Bolivie, ou en Colombie, malgré les terribles actions armées qu'ont conduit les États-Unis que nous conte Alain Labrousse, comme aussi celle du haschisch au Maroc. Là, des pauvres arrivent à manger un peu du fait de leur production illégale. La vérité, c'est que dans cette guerre comme dans les autres, ce sont toujours les pauvres qui trinquent, qu'ils soient producteurs à un bout de la chaîne ou consommateurs à l'autre. Quant aux riches, par les mécanismes des circuits financiers, de blanchiment divers (ah, cachez cet argent que je saurais voir !), ils récupèrent quoi qu'il arrive, et l'argent du trafic de drogues, comme celui du trafic d'armes, comme celui de tous les trafics, revient finalement dans le giron des banques.

La solution ne sera pas facile. Elle ne viendra que si une réflexion cohérente et éclairée succède enfin à la passion confuse et ignorante. Ce livre ne propose pas une panacée pour ce mal profond. Il se contente de poser avec modération et courage les questions. Il le fait avec ceux qui savent et ceux qui se battent pour un monde à la fois plus juste et plus libre. Les citoyens ne peuvent aujourd'hui feindre d'ignorer les risques que font courir à la démocratie les moyens employés dans cette guerre mondiale à la drogue. Il est temps de conduire sur ce sujet un débat serein et démocratique. Ce livre contribue à l'ouvrir.

# Introduction

Renaud COLSON

Au terme de la 46e session de la Commission des stupéfiants de l'ONU qui s'est tenue à Vienne du 8 au 17 avril 2003, les représentants des pays participants se sont dits « gravement préoccupés par les politiques et activités en faveur de la légalisation des stupéfiants et des substances psychotropes illicites ». L'organisation internationale réaffirmait ainsi le principe d'une prohibition mondiale du commerce et de l'usage de certaines substances psycho-actives, principe durablement posé par les traités multilatéraux dont elle est la gardienne. Pourtant, malgré ses rappels à l'ordre et en dépit d'une forte mobilisation des États depuis la fin des années 1980, la production et la consommation de drogues illicites ne cessent de progresser. Ne pouvant se prévaloir de résultats plus encourageants, la Commission des stupéfiants en est réduite à stigmatiser les stratégies nationales de lutte contre la toxicomanie jugées incompatibles avec l'interminable « guerre à la drogue » qu'elle coordonne tant bien que mal.

En France, la remise en cause du dogme prohibitionniste est pour l'instant exclue. Le cadre juridique de la politique en matière de drogues témoigne d'une volonté durable d'éradication pure et simple des usages illicites. La loi du 31 décembre 1970 qui fait du consommateur un délinquant *et* un malade a permis de se focaliser alternativement sur chacun de ces pôles mais, à aucun moment, la sortie de cette problématique n'a été sérieusement envisagée par les pouvoirs publics. La multiplication des rapports officiels mettant en question l'idéal d'abstinence prôné par la loi de 1970, l'institutionnalisation progressive d'un programme de « réduction des risques » et l'assouplissement concomitant des législations en vigueur dans plusieurs pays voisins, poussent néanmoins à s'interroger sur le bien-fondé de cette logique prohibitionniste.

Rapportées par nombre d'études de terrain, la diversification des produits illicites et la banalisation de l'usage de certains d'entre eux ne disent rien sur la pertinence de l'interdit au fondement du droit de la drogue français, mais elles appellent une analyse critique de ses effets. Or, si la recherche en droit et sciences sociales sur les psychotropes illicites s'est enrichie de nombreux travaux au cours de ces dernières années, force est de constater que l'évaluation des politiques de lutte contre la toxicomanie reste parcellaire. Menée depuis peu par l'Observatoire français des drogues et des toxicomanies, l'accumulation de connaissances visant la mesure des résultats de l'action publique signale pourtant l'intérêt d'une approche évaluative en ce domaine. L'existence en d'autres pays, notamment anglo-saxons, d'une riche tradition de recherches, empiriques et spéculatives, sur la légitimité et l'efficacité des politiques des drogues témoigne *a fortiori* de la nécessité de se livrer à l'examen critique de la prohibition « à la française ».

Le sujet résiste à l'expertise et il est vrai qu'il a de quoi dissuader universitaires et chercheurs. Comment aborder avec toute la rigueur requise un thème aussi polémique que celui de l'interdit des drogues ? Le regard scientifique suppose distance et neutralité à l'égard de son objet d'étude. Peut-il légitimement se porter sur une prohibition qui divise le corps social entre ceux qui la défendent et ceux qui la dénoncent ? Appréhendant d'être lu avec les yeux d'une opinion publique curieuse de savoir s'il est « pour » ou « contre » l'abolition de l'interdit, le chercheur en sciences sociales peut être tenté de contourner l'objet. Protégé par un appareil méthodologique le dispensant de tout jugement normatif, l'expert peut aisément laisser à d'autres la responsabilité du diagnostic sur les mérites et les limites d'une politique controversée. À analyser la prohibition, les sciences humaines risquent ainsi, au premier chef… le syndrome d'inhibition !

Prenant cette hypothèse à contre-pied, le présent ouvrage fait le pari d'une étude critique de l'institution prohibitionniste au moyen d'une mise en perspective des connaissances théoriques de chercheurs spécialistes de la question et des expériences pratiques d'acteurs en prise directe avec la réalité sociale des drogues illicites. Faisant le point sur la question de l'interdit au cœur du dispositif d'appréhension des stupéfiants par le droit, ce travail collectif repose sur un double pari heuristique. D'une part, celui de la complémentarité des sciences sociales : l'histoire, la sociologie, l'économie, la géopolitique et la théorie du droit y sont simultanément sollicitées pour décrire et évaluer les effets de la prohibition. D'autre part, celui de la prise en compte des discours d'acteurs : clinicien, usager de drogue, magistrat, avocat et policier y sont invités à rendre compte de leurs expériences respectives de l'interdit légal frappant les drogues illicites.

La prohibition des stupéfiants – conçue comme institution juridique – est un fait social complexe susceptible d'être décrit et analysé sous différents angles. L'objectif de cet ouvrage est de croiser ces regards afin d'analyser l'interdit légal dans une perspective généalogique, théorique et pratique, nécessairement pluridisciplinaire. L'articulation de points de vue très différents sur une institution controversée ne permettant guère de prétendre à la cohérence méthodologique, on revendiquera la production d'un ouvrage pluriel, dans sa forme comme dans sa substance, porteur de discours relevant de registres différents. Cette posture, qui justifie la prise en compte du discours de chercheurs, de professionnels mais également d'usagers de drogues engagés dans un combat pour la légalisation, s'impose *a fortiori* eu égard à l'inséparabilité de fait entre la discussion politique et la controverse experte caractérisant le débat sur la prohibition des stupéfiants.

Chaque auteur précise, selon un plan qui lui est propre, comment il appréhende l'interdit frappant les stupéfiants, quels effets il lui attribue et quel jugement il porte sur lui, à l'aune de son savoir théorique ou pratique. Quant à la logique qui préside à la construction du livre, elle est celle de l'évaluation rationnelle d'une institution juridique. À la description historique et positive de la prohibition succède son appréciation par divers acteurs qui la vivent en pratique, puis des experts d'origines disciplinaires différentes en établissent l'intérêt, les limites et les effets pervers. On présente enfin les évolutions possibles ou souhaitables de la prohibition des drogues.

Conformément à cette démarche évaluative, l'ouvrage s'ouvre par une première partie consacrée aux « figures juridiques du contrôle social » en matière de drogues illicites. Igor Charras retrace la genèse de l'interdit légal pesant sur les stupéfiants. Olivier Ménard rappelle l'exception au régime prohibitionniste, un temps constituée par la régie française des opiums en Indochine. Renaud Colson fait le point sur le traitement légal réservé à l'usager de drogues illicites en droit français. Jean Danet dresse le tableau des évolutions procédurales les plus récentes du droit pénal réprimant les infractions en matière de stupéfiants. Dans une seconde partie, intitulée « Regards d'acteurs sur le droit en vigueur », André-Michel Ventre invoque l'ambiguïté de la loi de 1970 pour expliquer sa difficile application par les forces de police. Fabrice Olivet dénonce les méfaits de ce texte pour les usagers de drogues. Jean-Pierre Galland insiste sur l'impossibilité d'instituer une prohibition effective de l'usage du cannabis. Georges Apap étaie ses convictions antiprohibitionniste de son expérience de magistrat. Dans une troisième partie portant sur les « limites pratiques et théoriques de l'interdit légal », Michel Kokoreff évoque les insuffisances du modèle prohibitionniste dans la définition d'une politique des drogues. Jean-Luc Venisse minore le rôle de l'interdit légal dans la dynamique de la cure. Alain Labrousse décrit les effets géopolitiques pervers de la « guerre à la drogue ». Sylvaine Poret étudie les limites économiques de la prohibition. Enfin, dans une quatrième partie portant sur les « évolutions contemporaines des politiques publiques », Anne Coppel présente la politique de réduction des risques comme une rupture dans la politique prohibitionniste française. Francis Caballero propose une légalisation contrôlée des drogues. Quant à Serge Karsenty, il invite à repenser la prohibition à la lumière des usages de l'interdit comme langage.

Première partie

# Figures juridiques du contrôle social

# Les origines de la prohibition contemporaine des drogues

Igor CHARRAS

Dans les sociétés occidentales, la prohibition de l'usage des substances psychoactives, plus précisément de certaines d'entre elles, les « stupéfiants », est relativement récente. En France, elle a été introduite dans le droit positif par la loi du 12 juillet 1916 « concernant l'importation, le commerce, la détention et l'usage des substances vénéneuses, notamment l'opium, la morphine et la cocaïne » et par son principal règlement d'application, le décret du 14 septembre de la même année.

Après avoir souligné que les sciences humaines et sociales se sont jusqu'à présent peu intéressées aux origines de la prohibition des drogues, nous montrerons en quoi la loi de 1916 a marqué une rupture juridique essentielle. Nous nous attacherons ensuite à expliquer pourquoi et comment cette loi a vu le jour. Il s'agira dans un premier temps de présenter les principales étapes du processus français de criminalisation des stupéfiants, puis de s'interroger, dans une perspective cette fois plus analytique que descriptive, sur les ressorts de cette entreprise.

## I L'état de la question : prohibition des drogues, histoire et sciences sociales [1]

L'histoire s'est pendant longtemps totalement désintéressée de la question des drogues. Jusqu'au début des années 1990, la mobilisation et l'étude du passé en ce domaine ont été l'œuvre de quelques défricheurs issus et de disciplines aussi diverses que les lettres modernes, la sociologie, la médecine ou encore la psychiatrie d'orientation psychanalytique.

Tout cela constituait un ensemble très éclectique au sein duquel le pire pouvait côtoyer le meilleur, comme, par exemple, la solide contribution d'Alain Delrieu à l'histoire des discours médicaux sur la toxicomanie au XIXe siècle, la remarquable synthèse de Christian Bachmann et Anne Coppel embrassant deux siècles de relations entre l'Occident et les drogues ou encore la thèse d'Arnoult de Liedekerke explorant les rapports entre « paradis artificiels » et littérature [2].

1. Pour un bilan plus détaillé de la recherche en sciences sociales sur les psychotropes licites et illicites dans les années 1990, cf. FAUGERON C. (éd.), *Les drogues en France : politiques, marchés, usages*, Genève, Georg éditeur, 1999, p. 24-41.
2. DELRIEU A., « L'inconsistance de la toxicomanie (Contribution à l'histoire des discours et des pratiques

Ce n'est qu'avec le travail fondateur de Jean-Jacques Yvorel consacré aux « poisons de l'esprit » au XIXe siècle[3] que les historiens de métier se sont penchés sur le sujet. Mais, malgré les avancées constatées ces dernières années[4], l'investissement de la discipline historique est resté limité. De plus, telle qu'elle se pratique en France depuis maintenant une bonne décennie, l'histoire des drogues est d'abord et avant tout une histoire des produits et des consommateurs. Dans cette perspective, les chercheurs se sont surtout attachés à retracer l'émergence des psychotropes dans la société française du XIXe siècle, à repérer des évolutions dans les modes d'intoxication ou encore à déterminer l'importance réelle des effectifs et l'appartenance sociale des amateurs de substances psychoactives, sans négliger l'étude des représentations et des discours sociaux. En revanche, ils se sont jusqu'à présent peu intéressés aux fondements de la politique des drogues.

Contrairement à ce que l'on a pu observer en Amérique du Nord[5], la sociologie de la déviance et la science politique françaises n'ont guère contribué à combler cette lacune. Il existe certes quelques travaux de qualité, comme par exemple la remarquable étude de sociologie législative de Jacqueline Bernat de Célis[6] sur la genèse de la loi du 31 décembre 1970 ou bien la thèse d'Henri Bergeron consacrée à l'évolution de la politique de soins aux toxicomanes[7], mais ces investigations ne remontent pas en deçà des années 1970.

En ce qui concerne la période précédente, outre les recherches déjà mentionnées, seuls les travaux de Yann Bisiou[8] – pour le droit – et ceux de François-Xavier Dudouet[9] – pour la sociologie politique – sont susceptibles d'apporter quelques éclaircissements. Toutefois, si le cas des régies de l'opium et du kif (Bisiou, Descours-Gatin, Le Failler) et la formation du contrôle international des stupéfiants (Dudouet)

médicales) », *Analytica*, Vol. 53, Paris, Navarin, 1988 ; BACHMANN C., COPPEL A., *Le dragon domestique (Deux siècles de relations étranges entre l'Occident et la drogue)*, Paris, Albin Michel, 1989 ; LIEDEKERKE A., *La Belle Époque de l'opium* suivie d'une *Anthologie littéraire de la drogue de Charles Beaudelaire à Jean Cocteau*, Paris, Éditions de la Différence, 1984.

3. YVOREL J.-J., *Les poisons de l'esprit. Drogues et drogués au XIXe siècle*, Paris, Quai Voltaire Histoire, 1992.
4. Notamment DESCOURS-GATIN C., *Quand l'opium finançait la colonisation en Indochine : l'élaboration de la régie générale de l'opium (1860 à 1914)*, Paris, L'Harmattan, 1992 ; LE FAILLER P., *Monopole et prohibition de l'opium en Indochine*, Paris, L'Harmattan, 2001 ; BUTEL P., *L'opium. Histoire d'une fascination*, Paris, Perrin, 1995 ; RETAILLAUD-BAJAC E., *Les drogues : une passion maudite*, Paris, Gallimard, 2002.
5. Aux États-Unis et au Canada, les origines de l'incrimination des drogues ont été étudiées dès le début des années 1960. L'intérêt de la sociologie et de la criminologie pour cette question ne s'est pas démenti ensuite. Voir par exemple TRASOV G., « History of opium and narcotic drug legislation in Canada », *Criminal Law Quartely*, Vol. 4, 1962, p. 237-265 ; BECKER H., *Outsiders : studies in the sociology of deviance*, New York, The Free Press, 1963, p. 135-146 ; LINDESMITH A. R., *The Addict and the Law*, Bloomington, Indiana University Press, 1965 ; MUSTO D., *The American Disease : Origins of Narcotic Control*, New Haven, CT, Yale University Press, 1973 ; COMACK A. E., « The Origins of Canadian Drug Legislation : Labelling Versus Class Analysis », *in* FLEMING T. (éd.), *The New Criminologies in Canada : Crime, State and Control*, Toronto, Oxford University Press, 1985, p. 65-86 ; MITCHELL C. N., « Narcotics : a Case Study in Criminal Law Creation », *in* GLADSTONE J., ERICSON R., SHEARING C. (éd.), *Criminology, a Reader's Guide*, Centre of Criminology, University of Toronto, 1991, p. 177-193.
6. BERNAT DE CÉLIS J., *Drogues : consommation interdite (La genèse de la loi de 1970 sur les stupéfiants)*, Paris, L'Harmattan, 1996.
7. BERGERON H., *L'État et la toxicomanie. Histoire d'une singularité française*, Paris, PUF, 1999.
8. BISIOU Y., *Les monopoles des stupéfiants*, Thèse pour le doctorat de droit réalisée sous la direction de Francis Caballero, Université Paris X, 1994.
9. DUDOUET F.-X., « La formation du contrôle international des drogues », *Déviance et Société*, 1999, vol. 23, n° 4, p. 395-419.

commencent à être connus, on sait dans l'ensemble encore peu de choses sur le processus français de criminalisation primaire des drogues.

## II La loi du 12 juillet 1916 : continuités et ruptures

### *A – L'héritage législatif et réglementaire*

Dans notre pays, la préparation, le commerce et l'emploi des produits « qui peuvent causer une mort prompte et violente [ou] qui, en altérant peu à peu la santé, causent des maladies » sont réglementés depuis la fin du XVII^e^ siècle [10]. Mais, à vrai dire, cette législation ne s'intéressait pas du tout aux personnes qui auraient souhaité agrémenter leur quotidien par la consommation de substances psychoactives. Comme le rappelle Robert Boyer, elle visait simplement à prévenir les agissements de ceux qui auraient été tentés d'« abréger le quotidien de leur prochain par le moyen du poison [11] ».

Au fil des siècles et des changements de régimes politiques, la police des substances vénéneuses a été amendée sans que sa philosophie d'ensemble ne soit transformée : la déclaration du 25 avril 1777 « portant règlement pour les professions de la pharmacie et de l'épicerie à Paris », modifiée par la loi du 21 Germinal an XI, puis par celle du 19 juillet 1845, ne visait pas l'usage euphorisant des toxiques en tant que tel, mais bien leur éventuelle utilisation à des fins criminelles.

Les différentes normes secondaires d'application – décrets et arrêtés – qui ont été prises en exécution de la loi de 1845 visaient nommément l'opium et ses principaux composés, notamment la morphine, la codéine et le laudanum, ainsi que les « alcaloïdes végétaux, vénéneux et leurs sels ». Dès la fin du XIX^e^ siècle, ces textes ont été mobilisés pour réprimer les fournisseurs de paradis artificiels.

### *B – La loi de 1916 : une réforme législative majeure*

En ce qui concerne les « substances vénéneuses », la loi du 12 juillet 1916 innove peu puisqu'elle reprend dans son article 1^er^ les incriminations et les pénalités prévues par la législation de 1845. Ainsi, les infractions aux règlements d'administration publique régissant la vente, l'achat et l'emploi des poisons demeurent passibles d'une amende de 100 à 3000 francs et d'un emprisonnement de 6 jours à 2 mois ou, et c'est là la seule innovation, « de l'une de ces deux peines seulement » (article 1).

S'agissant cette fois, non plus des « substances vénéneuses », mais plus spécifiquement des « stupéfiants tels que : opium brut et officinal ; extraits d'opium ; morphine et autres alcaloïdes de l'opium (à l'exception de la codéine), de leurs sels et leurs dérivés ; haschisch et ses préparations », la loi de 1916 constitue en revanche bien une réforme législative majeure. Lorsque les substances incriminées font partie

---

10. Édit de juillet 1682 pour la punition des empoisonneurs, devins et autres *in* ISAMBERT, DECRUSY et TAILLANDIER, *Recueil général des anciennes lois françaises (depuis l'an 420 jusqu'à la Révolution de 1789)*, Paris, Belin-Leprieur éditeur, 1829, n° 1022, Tome XIX, p. 399.
11. BOYER R., « Préliminaires », *in* Collectif, *Toxicomanies et lois : controverses*, Paris, L'Harmattan, 2002, p. 13.

de cette catégorie particulière de toxiques, elle sanctionne en effet non seulement la vente, l'achat et l'emploi frauduleux, mais elle punit aussi, l'usage en société, la facilitation de l'usage, l'utilisation d'ordonnances fictives et le port sans motif légitime.

En matière de pénalités, la loi de 1916 innove également en modifiant dans un sens résolument répressif les sanctions prévues jusqu'alors. Conformément à ce qu'avait annoncé l'un des principaux promoteurs du texte, le sénateur Jacques Catalogne – « nous légiférons surtout pour l'aggravation des pénalités [12] » – c'est à ce niveau que se situent les évolutions les plus remarquables. Selon les termes mêmes du décret d'application du 14 septembre 1916, les peines de prison et d'amende instituées par la loi – 3 mois à 2 ans et/ou 1 000 à 10 000 francs – sont en effet « particulièrement sévères [13] » pour l'époque, d'autant plus qu'elles sont susceptibles d'être « portées au double en cas de récidive » (article 5 de la loi).

Ces mesures draconiennes, auxquelles viennent s'ajouter, dans certains cas, un large éventail de peines complémentaires – comme, par exemple, l'interdiction de droits civiques – s'appliquent indistinctement aux trafiquants et aux consommateurs. Certains observateurs n'ont par la suite pas manqué de souligner qu'une « loi qui, pour punir un malfaiteur, exige des poursuites contre sa victime [et la menace des mêmes sanctions] est une loi boiteuse et inhumaine [14] ». Il faudra attendre le vote de la loi du 24 décembre 1953 pour voir la mise en place d'un volet sanitaire dans la législation française antidrogues.

## III Comment ? les étapes de la prohibition des stupéfiants

### A – *Les prémices*

Dès la fin du XIX^e^ siècle, des voix se sont élevées, principalement dans les milieux aliénistes et hygiénistes, pour demander aux pouvoirs publics d'intervenir contre les paradis artificiels et ceux qui en usaient. Certains médecins allèrent même jusqu'à prôner l'internement forcé des morphinomanes.

Si le débat fut particulièrement vif dans les années 1880-1890, les interpellations réitérées de l'élite médicale ne donnèrent lieu à aucune réforme législative ou réglementaire notable. En 1895, le garde des Sceaux demanda bien à plusieurs experts du Comité consultatif d'hygiène publique de France, tous membres du lobby antialcoolique, d'envisager les mesures à prendre pour diminuer la morphinomanie, mais les conclusions de leur rapport appelant à « l'intervention de l'autorité publique sur ce sujet [15] » restèrent lettre morte.

Ce n'est qu'en 1907 que le gouvernement se préoccupa de nouveau de cette question. Entre temps les données de la situation avaient sensiblement évolué, puisque c'était désormais l'opium – et non plus la morphine – qui se trouvait sous les feux de l'actualité. Cette année-là, le ministère de la Marine, qui commençait à

12. JO, *Débats du Sénat*, séance du 27 janvier 1916, p. 26.
13. JO, *Lois et décrets*, 1916, p. 8256.
14. MONTARRON M., *Le poison blanc*, Paris, Éditions Denoël, 1938, p. 204.
15. BROUARDEL P., *Opium, morphine et cocaïne. Cours de médecine légale*, Paris, Baillière et fils, 1906, p. 140. Le rapport de 1895 est reproduit *in extenso* dans cet ouvrage.

s'émouvoir des progrès, présentés comme alarmants, de l'usage de la « toufiane » parmi ses officiers, invita le ministère de l'Intérieur à préparer un projet de décret permettant de poursuivre les adeptes et les tenanciers des fumeries d'opium.

Cette initiative constitua le véritable point de départ du processus institutionnel conduisant à la promulgation du décret du 1er octobre 1908 « portant règlement d'administration publique pour la vente, l'achat et l'emploi de l'opium et de ses extraits », puis, par la suite, au vote de la loi du 12 juillet 1916. Jusqu'en 1913, ce processus se déroula essentiellement sur la scène bureaucratique, plus précisément dans les coulisses du ministère de l'Intérieur et du Conseil d'État. Le Parlement demeura pour sa part relativement hermétique aux desseins prohibitionnistes. Seul le groupe antialcoolique du Sénat sembla y adhérer, mais ses initiatives furent limitées et, surtout, elles se révélèrent sans suite immédiate [16].

### B – *La poussée de fièvre antidrogues du printemps 1913 et ses prolongements*

Au printemps 1913, la question des drogues revint sur le devant de la scène parlementaire, à la faveur notamment des préparatifs de la deuxième Conférence internationale de l'opium de La Haye (1-9 juillet 1913) et d'une campagne de presse conduite par le quotidien *Le Matin*.

Sans doute sensibilisés par cette mobilisation médiatique, les députés se découvrirent un intérêt soudain pour le sujet. En l'espace de huit jours, ils déposèrent pas moins de trois propositions de loi visant à réprimer plus sévèrement la vente frauduleuse et la consommation de l'opium et de ses dérivés, mais aussi celles de la cocaïne et de l'éther. Du côté du Palais du Luxembourg, le climat ambiant contribua à faire sortir de l'oubli la proposition de loi que les 151 sénateurs du groupe antialcoolique avaient déposée deux ans plus tôt.

La moindre exposition du « problème drogue » observée dès la fin de l'année 1913, la préparation puis le résultat des élections législatives des 26 avril et 10 mai 1914 – qui furent fatales aux principaux promoteurs de la prohibition – l'entrée en guerre en août, la suspension de la session parlementaire de septembre à décembre, mais peut-être aussi de façon plus fondamentale le manque de volonté politique, sonnèrent, au moins temporairement, le glas de la réforme législative envisagée durant ces quelques mois.

### C – *L'aboutissement*

Si le premier conflit mondial parut dans un premier temps annihiler les espoirs des prohibitionnistes, au bout du compte, il joua au contraire en leur faveur. Le contexte de militarisation de l'hygiène propre au temps de guerre et la volonté des

16. Le 4 avril 1908 le groupe antialcoolique du Sénat demanda au Garde des Sceaux de lui transmettre les différents jugements prononcés à Toulon contre des tenanciers de fumeries d'opium ; trois ans plus tard il déposa une proposition de loi destinée à réglementer « l'importation, le commerce, la détention et l'usage de l'opium et de ses extraits », mais, durant les deux années qui suivirent, aucune suite ne fut donnée à cette proposition.

pouvoirs publics de mobiliser toutes les énergies eurent en effet raison de l'apathie manifestée jusqu'alors par la majeure partie du personnel parlementaire comme des réticences de ceux qui voyaient dans l'incrimination de la consommation – même limitée au seul usage en société – une atteinte aux libertés publiques et aux principes généraux du droit pénal français de l'époque.

Faisant fi de ces considérations, le Sénat reprit à son compte un projet élaboré par le gouvernement. Il procéda à une première délibération publique de ce texte dans sa séance du 27 janvier 1916. Moins de 6 mois plus tard, cette proposition de loi fut définitivement adoptée, à l'unanimité des votants, tant au Sénat qu'à la Chambre des Députés.

Les travaux préparatoires bâclés, la *quasi*-absence de débats parlementaires et de propositions alternatives, le recours aux procédures d'urgence, les votes à l'unanimité illustrent le caractère précipité de la procédure législative ainsi que l'absence de réflexion politique digne de ce nom. Durant cette courte phase d'enregistrement et de cautionnement du projet gouvernemental, les questions des finalités de la loi et du sort des intoxiqués – des « malheureux » dans le meilleur des cas, des « dévoyés » dans le pire – furent à peine évoquées.

## IV Pourquoi ? les ressorts de la prohibition des stupéfiants

Dans un ouvrage publié au début des années 1990, un auteur expliquait la genèse de la prohibition française des drogues de la manière suivante : « L'ampleur du phénomène toxicomaniaque [*sic*] au début du siècle prit […] des proportions considérables. Il s'agissait donc […] de faire face à un problème nouveau. La loi de 1845 sur les substances vénéneuses se trouva vite inadaptée face à cette situation inédite ; les pouvoirs publics et les médecins *se virent dans l'obligation* de prendre des mesures plus adéquates ; d'où la loi de 1916 sur les stupéfiants [17]. »

Ce schéma d'interprétation nous paraît contestable. Tout d'abord, d'un point de vue strictement historique, la nouveauté, l'importance, voire la réalité du « problème toxicomanie » méritent d'être interrogées, au même titre d'ailleurs que la supposée insuffisance des règlements jusqu'alors en vigueur. Ensuite, d'une manière plus générale, nous savons depuis longtemps, grâce notamment aux travaux du politiste Pierre Muller, que « les politiques publiques ne servent pas (en tout cas pas seulement) à résoudre des problèmes [18] ».

Les investigations que nous avons consacrées aux origines de la prohibition des stupéfiants [19] font ressortir des facteurs d'explication d'ordre historique ou contextuel – la peur de la dégénérescence qui taraude la société française depuis la fin du XIX^e^ siècle, la guerre et l'atmosphère de mobilisation patriotique qu'elle suscite, sans oublier le contexte international marqué par la montée en puissance d'un important mouvement international prohibitionniste d'inspiration puritaine

17. Domic Z., *L'État cocaïne*, Paris, PUF, 1992, p. 91. C'est nous qui soulignons.
18. Muller P., *Les politiques publiques*, Paris, PUF, 1994, p. 194.
19. Charras I., « Genèse et évolution de la législation relative aux stupéfiants sous la Troisième République », *in Déviance et Société*, vol. 22, n° 4, 1998, p. 367-387 ; « L'État et les stupéfiants : archéologie d'une politique publique répressive », *in Les Cahiers de la sécurité intérieure*, n° 32, 1998, p. 7-28.

– et des éléments d'interprétation plus sociologiques fondés sur l'analyse du rôle des acteurs sociaux dans la création de la loi de 1916. De notre point de vue, cette dernière répond moins à une situation problématique qu'à une situation perçue et/ou définie comme telle par un certain nombre d'entrepreneurs moraux, psychiatres, journalistes, policiers, magistrats, parlementaires, qui ont joué un rôle essentiel, soit comme initiateurs, soit comme participants, dans le processus de criminalisation.

Il ne s'agit évidemment pas d'étudier ici en détail le sens que ces différents protagonistes ont pu donner à leurs actions, ni même d'évoquer leurs motivations, leurs intérêts et les moyens qu'ils ont utilisés pour parvenir à leurs fins.

Notons toutefois que l'affirmation selon laquelle les pouvoirs publics ont adopté les textes de 1916 « avec une belle confiance en leurs vertus supposées[20] » est contestable. Exception faite d'un député qui n'hésita pas à déclarer que, grâce à la prohibition, « les trafiquants de poisons secrets seraient aussi rares en France que les pièces d'or en Allemagne[21] », les parlementaires furent dans l'ensemble assez lucides pour percevoir les limites de leur action. Le scepticisme affiché par certains d'entre eux a même de quoi surprendre. Pourquoi, en effet, légiférer si l'on a conscience que « les lois en vigueur suffisent à la répression[22] », que l'on ne pourra « jamais empêcher des quantités de 50 à 150 grammes de cocaïne ou de morphine capables de suffire à des centaines d'injections, de traverser la frontière[23] », que les intoxiqués « sont précisément sous l'emprise d'une passion de telle nature qu'ils peuvent tout braver pour la satisfaire[24] » ou, pire encore, que « la contrebande des substances demandées deviendra plus active et plus ingénieuse parce que plus rémunératrice[25] » ? La question mérite d'autant plus d'être posée que, comme nous l'avons vu, le texte de 1916 a été adopté à l'unanimité des votants.

Ce consensus contradictoire n'est pas sans rappeler les comportements parlementaires qui ont prévalu au début des années 1970, lorsqu'il s'est agi de créer un délit d'usage solitaire de stupéfiants. À plus d'un demi-siècle d'intervalle, les propos des députés et des sénateurs font apparaître le même paradoxe latent : « Si pour eux, "faire une loi" était nécessaire, c'était d'une nécessité sans lien rationnel ni avec le fond du problème [...] ni avec une possible utilité objective qu'aucun d'entre eux n'attendait d'une telle loi[26]. »

La belle unanimité affichée lors des votes à main levée ne doit donc pas faire illusion : elle traduit moins une confiance générale et quasi aveugle dans les qualités intrinsèques de la prohibition, qu'un désir commun de faire quelque chose dans le but, notamment, d'exorciser les doutes et les inquiétudes exprimés par un nombre

20. RETAILLAUD-BAJAC E., *Usages et usagers de drogues dans la France de l'entre-deux-guerres (1916-1939)*, *op. cit.*, p. 81.
21. Il s'agit du député de Montmartre, Charles Bernard, cité par VICTOR et BERGER, *La coco, poison moderne*, Paris, Flammarion, 1924, p. 14.
22. JO, *Rapports et documents du Sénat*, n° 258, 22 juillet 1915.
23. JO, *Débats du Sénat*, 27 janvier 1916, p. 24.
24. JO, *Rapports et documents de la Chambre des députés*, n° 1887, 7 mars 1916.
25. JO, *Rapports et documents de la Chambre des députés*, n° 3201, 13 novembre 1913.
26. BERNAT DE CÉLIS J., « Fallait-il créer un délit d'usage illicite des stupéfiants ? », CESDIP, *Déviance et contrôle social*, n° 54, 1992, p. 139.

croissant d'observateurs sociaux. On retrouve ici un exemple de la fonction symbolique de la loi. Car, comme le souligne Philippe Robert : « Faire une loi est, après tout, pour des gouvernants, un des moyens les plus économiques d'affirmer que l'on s'occupe d'un problème [27]. »

27. Robert P., « L'utilisation du concept d'acteur social dans l'étude du crime », *in* Collectif, *Acteur social et délinquance*, Bruxelles, Mardaga, 1990, p. 116.

# Le monopole étatique de la vente de drogue : le cas de la régie de l'opium en Indochine Un exemple de prophylaxie budgétaire

Olivier MÉNARD

À la fin du XIXe siècle, en Indochine, si la réglementation vise bien le contrôle de l'opium, la finalité n'en est pas l'éradication mais la rentabilité : cette drogue est non seulement légalisée mais aussi monopolisée par l'État. L'histoire est connue. La politique coloniale visait le profit.

Il n'est pas ici le lieu de faire le procès d'un *État hors la loi* comme l'ont fait Jean-Marie Pontaut et Francis Szpiner en 1989 [1], d'autant que l'État, en droit interne tout au moins, ne peut être hors la loi puisqu'il édicte lui-même cette dernière. Il s'agit plus simplement de rappeler une fois encore la contingence du droit et de la morale. La question de l'opium en Indochine, c'est la rencontre anachronique entre Cicéron et Vespasien, entre *O tempora ! O mores !* et *Pecunia non olet.* Toutefois, si l'argent n'a pas d'odeur, on s'étonnera qu'il n'y ait pas eu un plus grand nombre de Titus pour décrier cette façon de s'enrichir du gouvernement colonial.

Au-delà du prétexte avoué de protection des missionnaires massacrés au Vietnam par l'empereur Tu Duc, les raisons profondes de la présence française en Asie du Sud-Est sont dès l'origine clairement commerciales avec le désir d'une ouverture sur le marché chinois. À une époque où le commerce colonial passe du commerce « honteux » des esclaves au commerce dit « licite » des produits [2], la péninsule indochinoise est aussi vue comme une réserve.

Conquête et colonisation ont un coût que la métropole souhaite amortir. Dans un contexte où l'administration n'est pas encore au service du public mais bien au service de l'État, le monopole institué sur l'opium a un devoir de rapport. La question n'est donc pas sociale mais purement fiscale : il ne s'agit que de matière imposable, de taux et d'assiette. Sans oublier que l'autochtone indochinois n'est pas citoyen français et qu'il est fixé à l'administration coloniale un but de rapport et non de sauvegarde des colonisés dont le territoire est instrumentalisé.

---

1. PONTAUT J.-M. et SZPINER F., *L'État hors la loi*, Paris, Fayard, 1989.
2. COQUERY-VIDROVITCH C., « Vendre : le mythe économique colonial », *in* BLANCHARD P. et LEMAIRE S. (dir.), *Culture coloniale, La France conquise par son empire, 1871-1931*, Paris, Autrement, 2003, p. 163 ; cf. également MARSEILLE J., *Empire colonial et capitalisme français : histoire d'un divorce*, Paris, Albin Michel, 1984.

Plus empreinte de finalités pécuniaires que de préoccupations de santé publique, l'administration coloniale ne se cache pas de rechercher avant tout les intérêts du Trésor[3]. Sans prétendre opposer finances publiques et santé publique, force est de constater que la seule prophylaxie dont il semble être question est budgétaire et non sanitaire.

## I De la taxation à la mise en régie

À leur arrivée, les Français constatent que l'opium est en vente libre en Cochinchine. Taxé à 10 % de sa valeur à l'importation, il contribue déjà très largement au budget de la colonie mais soucieuse d'en accroître le rendement jugé insuffisant[4], l'administration française décide d'en affermer le commerce dès 1862. Le premier fermier, Ségassié, finit condamné pour faux en écriture de commerce et ce sont alors des Chinois qui se succèdent à la tête de la ferme.

Maintes fois évoqué, le contrôle direct sur le commerce de l'opium par le biais de la Régie sera adopté en 1881 par le Conseil colonial de Cochinchine qui prétexte la nécessité de mettre un terme à l'emprise chinoise sur ce commerce[5], masquant ainsi une logique du toujours plus. Venant rejoindre la régie sur le riz instaurée en 1879, ce système, tout comme celui de la régie sur les alcools de riz, est mis en place le 1er janvier 1882. S'il n'est pas forcément – au vu des chiffres rapportés par Chantal Descours-Gatin[6] – ce « parangon d'inefficacité » décrié par Christian Bachmann et Anne Coppel[7], il n'en demeure pas moins d'un rendement jugé insuffisant. Entre un coût élevé et une contrebande aux prix compétitifs, la consommation légale diminue. Il convient de prendre des mesures et c'est pour ce faire que Paul Doumer est nommé gouverneur général d'Indochine pour 5 ans, de février 1897 à mars 1902. Après la création du Conseil supérieur de l'Indochine et la constitution de la direction des douanes et régies, il regroupe les cinq monopoles préexistants en un monopole unique et renforce la régie directe. En juillet 1898, il crée le budget général de l'Union indochinoise où, pour remettre de l'ordre dans les finances de l'Indochine et rendre la colonie rentable, Paul Doumer favorise l'impôt foncier et les impôts indirects tout en réduisant les dépenses. Il ne lui faut que deux années pour réorganiser les trois régies du sel, de l'alcool et de l'opium dont il accroît la surveillance et augmente les prix de vente au détail. La régie générale de l'opium est définitivement organisée par l'arrêté du 7 février 1899 *relatif à l'exercice du monopole, à la constatation et à la répression de la fraude en matière d'opium en Indochine*.

La réorganisation de Paul Doumer porte ses fruits et les bénéfices de la Régie augmentent avec les prix de la drogue[8]. Les revenus de l'opium passent ainsi de 10 102 570 francs à 15 725 000 francs entre 1894 et 1901. Ils alimentent le budget

---

3. BACHMANN C. et COPPELL A., *Le dragon domestique, deux siècles de relations étranges entre l'Occident et la drogue*, Paris, Albin Michel, 1989, 564 p., p. 217.
4. MEYER C., *Les Français en Indochine, 1860-1910*, Paris, Hachette, 1996, p. 61.
5. DESCOURS-GATIN C., *Quand l'opium finançait la colonisation en Indochine*, Paris, L'Harmattan, 1992, p. 87 *sqq*.
6. *Ibidem*.
7. BACHMANN C. et COPPELL A., *op. cit.*, p. 189.
8. MEYER C., *op. cit.*, p. 258-259, et BACHMANN C. et COPPELL A., *op. cit.*, p. 218.

excédentaire de l'Union Indochinoise à hauteur de 20 % jusqu'à la Seconde Guerre mondiale, avec un maximum de 42 % en 1918. Le monopole est un indéniable succès financier. En dépit d'une diminution des recettes à partir de 1907[9] et malgré l'arrêté du 6 mars 1917 appliquant à l'Indochine la loi métropolitaine du 12 juillet 1916 sur les substances vénéneuses, l'opium continue longtemps à rapporter. L'autorité coloniale, incapable de trouver des revenus de remplacement, traîne les pieds dans la lutte désormais internationale contre ce produit au point qu'en 1939 on dénombre encore 2 500 fumeries en Indochine[10].

De son aventure indochinoise, Paul Doumer retirera une grande réputation qui lui fera d'ailleurs dire, en se présentant aux législatives de 1902, qu'il était « trop connu pour avoir besoin de développer un programme ». Une belle carrière politique récompensera son action : il héritera d'un nouveau portefeuille ministériel aux Finances, accédera à la présidence de la Chambre et à celle du Sénat, puis sera élu en 1931 président de République après en avoir été le « dealer » officiel.

## II Un suivisme français aux arguments spécieux

L'exploitation commerciale de l'opium par l'État n'est ni une nouveauté, ni l'apanage des Français. Quand ceux-ci arrivent en Asie du Sud-Est, la pratique en est déjà communément répandue et ils ne font alors que suivre les exemples alentour. Les Britanniques utilisaient le monopole du commerce du pavot pour financer leur politique impériale. Ils l'avaient établi dès la fin du XVIII^e^ siècle au Bengale, à Singapour et en Chine où, suite au traité de Nankin de 1842, la prohibition est révoquée à leur profit. Mais cette exploitation de l'opium par monopole étatique se retrouve aussi en Inde avant la présence anglaise, aux Philippines sous domination espagnole à partir de 1843, au Siam, au Cambodge, dans certaines régions des Indes néerlandaises et dans quelques possessions portugaises[11]. Si le Japon réussit à conserver une prohibition totale de l'opium au XIX^e^ siècle, la Chine a dû céder aux Anglais tout comme Tu Duc, en Annam, acculé financièrement, est finalement contraint d'accorder l'affermage de cette drogue aux Français.

L'opium n'est qu'une marchandise parmi d'autres, qui a le mérite d'assurer de substantiels bénéfices à cette organisation financière péninsulaire que deviendra l'Indochine. L'administration française fait ici œuvre de suivisme en copiant d'autres exemples coloniaux ou indigènes ; elle ne vient que systématiser l'existant avant d'en perfectionner le rendement[12]. On évoque alors, comme l'avaient fait les Anglais, la nécessité de perpétuer un affermage de l'opium, préalablement pratiqué par les

9. Pour une position contraire : BISIOU Y., « Histoire des politiques criminelles. Le cas des régies françaises des stupéfiants », *in* FAUGERON C. (dir.), *Les drogues en France, politiques, marchés, usages*, Genève, Georg, 1999, p. 95-96.
10. MEYER C., *op. cit.*, p. 257.
11. MAHIAS M.-C., « Le tabac et l'opium en Inde : leur rôle dans l'histoire des Nil-giri », *in* HUBERT A. et LE FAILLER P., *Opiums : les plantes du plaisir et de la convivialité en Asie*, Paris, L'Harmattan, 2000, p. 216 *sqq.* ; FOURCADE M., « Les Britanniques en Inde (1858-1947) ou le règne du "cyniquement correct" », *in* FERRO M. (dir.), *Le livre noir du colonialisme, XVI^e^-XXI^e^ siècle, de l'extermination à la repentance*, Paris, Robert Laffont, 2003, p. 325 *sqq.* ; DESCOURS-GATIN C., *op. cit.*, p. 141.
12. DESCOURS-GATIN C., *ibidem*, p. 24.

souverains locaux, pour garantir les droits des fumeurs et satisfaire un besoin préexistant à la colonisation alors même qu'en d'autres domaines, les Français sauront faire table rase des pratiques pré-coloniales [13]. Basé sur l'idée qu'il est préférable de profiter d'une pratique dont l'éradication serait illusoire, le monopole étatique sur l'opium s'est ainsi développé tout au long de la seconde moitié du XIXe siècle.

Sans aller jusqu'à suivre H. Lorin qui, dans la *Revue Politique et Parlementaire* de décembre 1901, n'y voyait qu'un système « sans douleur » pour les Indochinois, les défenseurs du monopole n'ont pas manqué d'arguments. On avance alors que le monopole étatique a l'avantage de sortir les produits dangereux concernés du commerce, officiel ou parallèle, mais c'est oublier que la logique est ici purement commerciale. La finalité demeure la rentabilité. Afin d'assurer la commercialisation la plus large de sa marchandise, l'État assure jusqu'en 1899 la gratuité de la licence nécessaire à la vente au détail de l'opium. Il supprime même un temps cette licence, avant de la restaurer en 1906. Quant au contrôle, il ne vise que le rendement : la recherche de la qualité des produits distribués a pour objet non des raisons d'hygiène ou de santé publique mais la pérennité de la clientèle et des bénéfices.

Les gouvernants justifient leur intervention sur l'opium en arguant du fait que monopolisé et fiscalisé, celui-ci est mieux contrôlé. L'administration n'est toutefois pas totalement inconsciente du potentiel de nocivité du produit puisqu'elle défend expressément « au maître de maison d'opium de recevoir dans son établissement des femmes et des enfants au-dessous de vingt ans et des Européens ». Bien qu'affirmé, l'universalisme républicain du discours colonial portant le flambeau de la civilisation et du progrès trouve ici ses limites[14]. En effet, contrairement à une volonté affichée de dissuader par une forte taxation cette consommation immorale [15], l'administration cherche à en accroître la rentabilité en étendant son marché. Ainsi, en 1890, les prix de l'opium baissent de 40 % afin d'en développer la vente [16]. L'ouverture d'une fumerie nécessite, quant à elle, une simple déclaration préalable, comme en matière d'ouverture de débits de boisson en métropole suite à la loi libérale du 17 juillet 1880 qui eut pour conséquence l'accroissement du nombre de débits et de la consommation d'alcool. La conséquence est éloquente : jusqu'en 1906, l'opium représentera plus de 40 % des recettes des contributions indirectes en Indochine [17].

## III La critique du monopole

Les monopoles sont supportés le plus souvent du fait de leur origine ancienne, comme en métropole pour les postes, les poudres à feu (1775) ou encore les tabacs (1674), mais ceux institués à la fin du XIXe siècle par les radicaux-socialistes sont

13. BROCHEUX P., « Le colonialisme français en Indochine », *in* FERRO M. (dir.), *op. cit.*, p. 359.
14. BLANCHARD P. et LEMAIRE S., *Culture coloniale, La France conquise par son empire, 1871-1931*, Paris, Autrement, 2003.
15. BISIOU Y., *op. cit.*, p. 91 ; CABALLERO F. et BISIOU Y., *Droit de la drogue*, Dalloz, 2000, p. 491 *sqq.*
16. FOREST A., *Le Cambodge et la colonisation française. Histoire d'une colonisation sans heurts (1897-1920)*, L'Harmattan, 1980, p. 215-216.
17. DESCOURS-GATIN C., *op. cit.*, p. 223-224.

vivement critiqués par les libéraux qui s'opposent à la « monopolisation par le tout à l'État[18] ». La question de la gestion de l'opium se pose ainsi dans un contexte où s'affirme « un libéralisme commercial basé sur le libre-échange » et « le refus de l'idée de monopoles géographiques[19] ».

Les libéraux qui font la critique économique du monopole s'attaquent aussi au système de la régie. Paul Leroy-Beaulieu se plaint des tendances de l'époque à substituer celui-ci aux concessions expirantes alors qu'« une régie d'État, c'est la fantaisie, l'arbitraire et l'imprévu[20] ». Ces propos génériques font écho à ceux qui sont tenus au début des années 1860 par le gouverneur de Cochinchine, l'Amiral de La Grandière, lequel avait repoussé l'idée de mise en régie du commerce de l'opium en arguant qu'« on ne monte pas pareille affaire avec des fonctionnaires[21] ».

Les promoteurs du monopole arguent du fait que l'atteinte au principe de liberté du commerce et de l'industrie est bien maigre au regard de la spécificité des produits opiacés. Mais à défaut de s'accompagner d'un système de distribution contrôlée, le régime de monopole, qui s'inscrit dans le cadre d'une législation traitant l'opium comme n'importe quel produit, ne se justifie guère. Dans le cadre des services publics, l'État cède ceux-ci aux consommateurs à prix coûtant[22]. Mais l'opium, s'il est bien institué comme monopole étatique, n'est en aucun cas qualifié de service par un État qui refuse de céder à prix coûtant ce qu'il ne voit que comme une marchandise, l'une des seules d'ailleurs qu'il réussit à placer aux Indochinois.

« *Pendant que mes sujets s'y livreront, ils oublieront fort à propos de s'injurier, de se battre et de blasphémer Dieu.* » C'est en ces termes que, sous ce fallacieux argument de paix civile, François I^er^, à la recherche d'expédients, instaurait en France la loterie rapportée d'Italie. Elle aussi critiquée pour son immoralisme, elle sera plusieurs fois supprimée mais toujours restaurée. Quand l'État est aux abois, les prétextes à l'action sont multiples. Il en va ainsi en matière d'opium, manne financière pour laquelle la III^e^ République, pratiquant un colonialisme impérialiste[23], n'hésite pas à sacrifier l'universalisme humaniste au risque de fragiliser la téléologie coloniale. Ce « fardeau de l'homme blanc », dont parle Kipling en 1898, qu'est la mission civilisatrice occidentale a un coût. Pour y pourvoir, la colonisation doit rapporter... en finançant, au besoin, écoles et hôpitaux avec l'argent de l'opium. On est alors proche de l'inconséquence des moyens qui détruisent pour mieux construire. Système colonial paradoxal qu'en 1948, pour d'autres lieux, dans *Hosties noires*, Léopold Sédar Senghor a dénoncé en montrant comment l'État, gardien de la droite ligne de conduite, emprunte volontiers des « sentiers obliques ».

---

18. *L'économiste français*, 24 février 1912, p. 271-273 ; STOURM R., « Les monopoles fiscaux et le socialisme », *L'économiste* français, 11 novembre 1905, p. 691-692.
19. MORLAT P., *Les affaires politiques de l'Indochine (1895-1923), les grands commis : du savoir au pouvoir*, Paris, L'Harmattan, 1995, p. 20.
20. LEROY-BEAULIEU P., « Les rapports du public et des industries monopolisées par l'État », *L'économiste français*, 21 mai 1904, p. 729-731 et 4 juin 1904, p. 809-811 et LEROY-BEAULIEU P., *Traité de la science des Finances*, Paris, Guillaumin, 1888, tome I, p. 707.
21. MEYER C., *op. cit.*, p. 258.
22. JEZE G., *Cours de finances publiques*, Paris, Giard, 1930, p. 5.
23. MANCERON G., *Marianne et les colonies, une introduction à l'histoire coloniale de la France*, Paris, La Découverte, 2003, p. 18 *sqq*.

# Le traitement légal de l'usager de drogues illicites

Renaud Colson

La prohibition des substances ou plantes classées comme stupéfiants emporte interdiction générale et absolue de toute opération les concernant, depuis leur production jusqu'à leur consommation en passant par leur possession. La mise en œuvre de cette interdiction repose sur un vaste corpus normatif[1] au sein duquel les dispositions applicables à l'usager de drogues illicites occupent une place essentielle, même si elles n'en représentent qu'une petite partie. C'est en effet la lutte contre l'usage de stupéfiants qui justifie la prohibition dans son principe[2].

Ces règles ont vocation à régir une population numériquement importante : en 2003, près de onze millions de français auraient déjà fumé du cannabis et plus de deux pour cent de la population auraient expérimenté une drogue dite « dure » (qu'il s'agisse de cocaïne, d'héroïne ou de LSD[3]). Parmi ces consommateurs, bien peu se verront appliquer les dispositions légales édictées à leur intention. Délit sans victime, l'usage de drogues se prête mal à une détection et à une sanction systématique. Mais si cependant l'usager de stupéfiants entre en contact avec le droit à raison de sa consommation personnelle, c'est le plus souvent par l'intermédiaire des juridictions répressives[4].

Comme un délinquant ordinaire, l'usager de drogue doit répondre de ses actes et peut être contraint de purger une peine en cas de condamnation. Mais s'il est ainsi tenu à des obligations légales, dont la première est de renoncer à sa pratique, le consommateur de produits stupéfiants est également titulaire de droits lui permettant, à certaines conditions, de bénéficier d'un traitement médical et d'une suspension des poursuites. Il n'est pas excessif de parler à cet égard d'un véritable statut de l'usager de drogues illicites, statut constitué de l'ensemble des règles qui déterminent son traitement légal[5].

---

1. Sur ce corpus normatif, l'ouvrage de référence est le précis Dalloz de Caballero F. et Bisiou Y., *Droit de la drogue*, 2e éd., Paris, Dalloz, 2000. Pour une vue synthétique, cf. la rubrique « Stupéfiants », par Leclair G., *in Répertoire pénal Dalloz*.
2. En vertu de l'adage à la juridicité incertaine « Pas de drogue, pas de drogué », Caballero F. et Bisiou Y., *ibidem*, p. 539.
3. Observatoire français des drogues et des toxicomanies, *Drogues et dépendances - Données essentielles*, Paris, La Découverte, 2005.
4. L'usage de drogue est cependant susceptible de constituer, dans certaines circonstances, une faute civile (Civ. 2e, 16 mars 1994, D. 1994, IR., 96) ou disciplinaire (Civ. 1re, 1er décembre 1993, D. 1995, somm. 164, obs. Brunois).
5. Pour une perspective synthétique sur les règles applicables à l'usager de drogues illicites, cf. Bouloc B., *Pénologie*, 2e éd., Paris, Dalloz, 1998, p. 412 *sqq*.

Ce traitement légal s'inscrit dans un cadre juridique international. La France est en effet signataire de trois traités à vocation universelle qui instituent et organisent une prohibition mondiale sur les stupéfiants afin d'en éradiquer l'usage récréatif[6]. Cet objectif est poursuivi par le biais d'une politique d'élimination de l'offre fondée sur le contrôle de la production et de la distribution des substances interdites. Les traités n'abordent en revanche la question de la consommation illicite de drogues que de manière incidente. Les rares dispositions qui s'y rapportent recommandent la mise en œuvre d'une politique sanitaire à destination des toxicomanes et la criminalisation de l'usage[7].

Le droit européen, pas plus que le droit international, ne se désintéresse du contrôle des produits stupéfiants[8]. Outre l'instauration d'outils d'évaluation et d'indicateurs européens relatifs à la toxicomanie[9], l'Union européenne se donne pour objectif de compléter l'action des États membres en matière de prévention de la consommation de drogue et de réduction de la toxicomanie[10]. Si par ailleurs une harmonisation des législations pénales en matière de lutte contre le trafic n'est pas exclue, les textes européens ne prévoient pas de prohiber l'usage, chaque État déterminant à loisir sa politique en la matière.

Les sources internationales et européennes du droit applicable à l'usager de drogues illicites s'imposent aux autorités françaises dans la définition de leur politique des drogues. Mais dénuées d'effet direct, ces sources externes ne peuvent être invoquées devant les juridictions françaises. C'est donc finalement au seul droit interne qu'il revient de déterminer le traitement légal réservé à l'usager de stupéfiants. Intégrées au Code de la santé publique (art. L. 3421-1 sqq., art. R. 3424-1 sqq.), ces règles ont été édictées par la loi du 31 décembre 1970 *relative aux mesures sanitaires de lutte contre la toxicomanie et à la répression du trafic et de l'usage illicite des substances vénéneuses*. Ce texte, qui n'a pas été modifié substantiellement depuis son entrée en vigueur, a donné lieu à de très nombreuses circulaires, notes et instructions générales de la part des ministères de la Justice, de l'Intérieur et de la Santé[11].

6. Ces trois conventions internationales sont la Convention Unique sur les stupéfiants de 1961 amendée par le protocole de Genève de 1972, la Convention de Vienne sur les psychotropes de 1971 et la Convention de Vienne contre le trafic illicite des stupéfiants et psychotropes de 1988. Sur ces sources internationales du droit de la drogue, cf. CABALLERO F. et BISIOU Y., *op. cit.*, p. 42 *sqq.* ; sur « la formation du contrôle international des drogues », cf. l'article de DUDOUET F.-X., *Déviance et Société*, 1999-4, p. 395-419.
7. La Convention de Vienne contre le trafic illicite des stupéfiants et psychotropes amorce à cet égard un durcissement certain puisque son article 3 § 2 stipule que « sous réserve de ses principes constitutionnels [...], chaque partie adopte les mesures nécessaires pour conférer le caractère d'infraction pénale [...] à la détention et à l'achat de stupéfiants et de substances psychotropes destinés à la consommation personnelle... ».
8. DECOURRIÈRE A., *Les drogues dans l'Union européenne. Le droit en question*, Bruxelles, Bruylant, 1996.
9. Créée en 1993, l'OEDT, ou EMCDDA (European Monitoring Center for Drugs and Drug Addiction) est un service décentralisé de l'Union européenne. Sa mission est d'organiser, au niveau européen, la collecte et l'analyse des données concernant les consommations de drogues et leur évolution. Pour plus d'information sur cet organisme : [http://www.emcdda.eu.int/].
10. Il s'agit là du premier objectif du nouveau plan d'action contre la drogue (2005-2008), adopté par la Commission européenne, qui sera soumis à l'approbation du Conseil européen courant 2005. Pour plus d'information sur la politique européenne en matière de drogues illicites et de lutte contre la toxicomanie : [http://europa.eu.int/scadplus/leg/fr/s22001.htm].
11. Pour une table chronologique de ces sources administratives, cf. SIMMAT-DURAND L., *La lutte contre la toxicomanie, De la législation à la réglementation*, Paris, L'Harmattan, 2001, p. 194 *sqq.*

À l'occasion des débats précédant le vote de la loi de 1970, les députés et les sénateurs ont unanimement témoigné leur attachement à un idéal thérapeutique privilégiant une politique sanitaire à l'égard des usagers de drogues illicites. Au regard de cet objectif, la loi n'a pas tenu ses promesses. Elle a en revanche permis de pénaliser, parfois lourdement, les consommateurs de substances stupéfiantes. Ce paradoxe témoigne d'une contradiction entre le fondement dogmatique de l'intervention du législateur et la logique juridique qui préside au texte finalement voté [12]. Pareil phénomène n'est pas exceptionnel dans l'ordre juridique : les valeurs justifiant l'édiction d'une loi sont parfois trahies par la vie propre des normes qui les expriment.

La loi de 1970 est exemplaire de ce processus par lequel un texte législatif initie une politique en contradiction avec l'idéal qui le fonde. Les statistiques officielles l'attestent : l'intention originaire de soigner les toxicomanes a servi l'institution d'un dispositif légal qui est aujourd'hui essentiellement orienté vers leur répression. Le fondement du statut de l'usager de stupéfiants résidait dans un puissant idéal thérapeutique : le traitement médical (I). L'échec de cet idéal consommé, c'est une autre logique, axée sur le traitement pénal du consommateur de drogues, qui s'est imposée (II).

## I Le traitement médical de l'usager de drogues illicites

La loi du 31 décembre 1970 était interprétée, lors de son élaboration, comme le signe d'une évolution par laquelle on s'acheminait vers un traitement extra-pénal de l'usager de drogues illicites (A). Assimilant la consommation de stupéfiants à une pathologie, le législateur a délaissé la répression pour organiser le traitement médico-social des toxicomanes (B). Mais les limites du dispositif institué à cette fin témoignent de l'échec de ce projet politique (C).

### *A – Généalogie d'une intervention législative*

La loi du 12 juillet 1916, qui ébauchait les linéaments d'un statut de l'usager de drogues illicites, incriminait l'usage « en société » de l'opium, du haschich et de leurs dérivés [13]. Ce texte punissait de peines similaires consommateurs et trafiquants et ne prévoyait aucun traitement particulier pour le toxicomane. La portée sanitaire de cette loi répressive apparaissait cependant en filigrane, l'idée d'incriminer la consommation d'opiacés reposant à l'époque essentiellement sur des considérations hygiénistes [14].

---

12. Sur ce paradoxe, cf.. notre article « Sur la confusion des valeurs en droit pénal : l'usage de drogues illicites entre pathologie et délinquance », *in Les valeurs*, Nantes, Maison des sciences de l'Homme *Ange Guépin*, 2002, p. 139-143.
13. Sur « l'odyssée de la loi de 1916 », cf. BACHMANN C. et COPPEL A., *La drogue dans le monde*, Paris, Albin Michel, 1991, p. 296 *sqq.* ; cf. également. CHARRAS I., « Genèse et évolution de la législation relative aux stupéfiants sous la Troisième République », Déviance et Société, 1998-4, p. 367 ; et du même auteur, « L'État et les stupéfiants : archéologie d'une politique publique répressive », *Les cahiers de la sécurité intérieure*, 1998, n° 32, p. 7.
14. Dès la deuxième moitié du XIX^e^ siècle, le corps médical appréhende l'usage de certaines drogues comme une pathologie justifiant le développement d'une prophylaxie à l'échelle de la société. Sur cette question, cf. YVOREL J.-J., « Naissance de la cure », *in* HERVIEU J.-M., *L'esprit des drogues*, Paris, Autrement, 1989, p. 144.

Le droit positif, qui traitait l'usage de stupéfiants comme un problème criminel justifiant une répression de type classique, s'est progressivement ouvert à des mesures de sûreté curatives applicables aux toxicomanes. Cette tendance s'est exprimée pour la première fois dans la loi du 24 décembre 1953. Marquant l'avènement d'une figure juridique de l'usager de drogues tout à la fois malade et délinquant, ce texte disposait qu'il pouvait être astreint, dans certaines circonstances, à subir une cure de désintoxication dans un établissement spécialisé (art. 3). Saluée en son temps par la doctrine [15], cette disposition législative était néanmoins d'une portée limitée : son domaine était étroit, réduit à des hypothèses procédurales bien définies [16]. Au surplus, le règlement d'administration publique qui devait en assurer l'application n'a jamais été édicté.

À la fin des années 1960, les limites de la loi de 1953 semblent atteintes et ses insuffisances sont dénoncées de part et d'autre. Les députés relaient les inquiétudes d'une opinion publique sensibilisée par la presse au « danger » des drogues [17]. La conscience d'avoir à légiférer sur ce « problème » se fait si vive chez les dépositaires du pouvoir politique que trois projets s'y rapportant vont se télescoper en un très court laps de temps : deux propositions de loi [18] et un projet préparé par le gouvernement voient le jour à la même époque. La loi du 31 décembre 1970 résulte de la fusion de ces textes par la *Commission des lois* de l'Assemblée nationale et de leur amendement par les parlementaires.

### *B – Mise en œuvre d'un idéal sanitaire*

La loi du 31 décembre 1970 est le produit d'un compromis politique entre le ministère de la Santé, la Chancellerie, et les parlementaires [19]. S'il est difficile de démêler l'écheveau des influences à l'origine de ce texte hybride, il est acquis que celui-ci est une *loi de défense sociale* dominée par une double préoccupation d'humanisme et de resocialisation des déviants [20]. Le consensus parlementaire qui a présidé au vote de cette loi s'est bâti – du moins en ce qui concerne le statut de l'usager de drogues – autour de sa dimension sanitaire.

Empreinte de paternalisme, la position des députés et des sénateurs à l'égard des consommateurs de drogue est sans ambiguïté. Il faut avant tout « guérir les usagers [21] », leur punition ne devant être envisagée qu'avec « une extrême prudence [22] ». Rempart

15. Cf. par exemple les deux premiers rapports du colloque sur les délinquants alcooliques et intoxiqués publié par la *Revue de sciences criminelles* en 1956 (p. 479 *sqq.*).
16. GASSIN R., « 18e journées de défense sociale (politique criminelle et toxicomanie) – Le point de vue législatif et doctrinal », *Revue de sciences criminelles*, 1971, spéc. p. 202.
17. VAILLE D., « La grande presse et la drogue », *Moniteur des pharmacies*, 3 février 1973, n° 1068.
18. Ces deux propositions de loi, déposées sur le bureau de l'Assemblée par Messieurs MAZEAUD et WEBER, l'ont été respectivement le 15 octobre 1969 et le 5 novembre 1969.
19. Sur la naissance de la loi de 1970, cf. BERNAT DE CELIS J., *Drogues : consommation interdite. La genèse de la loi de 1970 sur les stupéfiants*, Paris, L'Harmattan, 1996.
20. GASSIN R., « Séduction idéologique ou réalisme scientifique ? Réponse à Francis Caballero », *Droits*, 1994, n° 19, p. 144. Confirmation en est donnée par le commentaire à chaud de la loi publié en 1971 par DOLL P.-J. à la *Gazette du Palais* (p. 117).
21. Mazeaud (rapporteur de la commission des lois), Assemblée Nationale, 3e séance du 29 juin 1970, JO, p. 3303.
22. Massot, Assemblée Nationale, 3e séance du 29 juin 1970, JO, p. 3307.

contre les drogues, la loi de 1970 tient lieu de pédagogie pour les drogués qu'elle a vocation à protéger. En conséquence de quoi, le législateur place toute personne « usant d'une façon illicite de substances ou plantes classées comme stupéfiants [...] sous la surveillance de l'autorité sanitaire[23] ». La priorité accordée à la rééducation se traduit par la possibilité offerte à l'usager d'échapper aux poursuites en s'engageant dans une démarche thérapeutique ayant l'abstinence pour finalité.

La loi de 1970 distingue les consommateurs selon la gravité de leur état. Certains relèvent d'une cure, les autres sont justiciables d'une simple surveillance médicale[24]. Mais tous ont également vocation à être traités dans le cadre d'un dispositif sanitaire rigoureusement réglementé[25]. Le traitement peut être volontairement entamé par l'usager[26] ou accepté suite à une proposition des autorités sanitaires[27]. Dans les deux cas, le consommateur se voit garantir la gratuité des soins[28], l'anonymat à l'égard des institutions policières et judiciaires[29], et l'impunité eu égard à sa consommation antérieure de stupéfiants[30]. Cette impunité peut lui être conservée dans l'hypothèse de l'injonction thérapeutique prononcée par le procureur de la République[31]. Enfin, la possibilité est ouverte d'un traitement prescrit par le juge d'instruction ou par la juridiction de jugement[32].

### *C – Limites d'un dispositif thérapeutique*

À défaut de traitement volontaire, l'usager de drogues peut-être soumis à une obligation de soins imposée dans le cadre d'une procédure judiciaire[33]. Le pari formé par le législateur était de résoudre un problème de santé publique par le recours au système pénal. Les premières circulaires de la Chancellerie relatives à la loi de 1970 vont en ce sens : l'objectif de la poursuite pénale est avant tout de contraindre au traitement médical le délinquant[34]. L'intention généreuse de la loi semble néanmoins avoir été contrecarrée par la réalité clinique et les pratiques judiciaires.

Diverses explications ont été avancées pour expliquer l'échec de l'obligation de soins. D'une part, celle-ci se prêterait mal au traitement des usagers de cannabis, cure de désintoxication et traitement médical se révélant inappropriés en l'espèce

23. Art. L. 3411-1 du Code de la santé publique.
24. Pour une présentation détaillée des « dispositions sanitaires de la loi du 31 décembre 1970 », cf. sous ce titre la contribution de RAGUIN G. à l'ouvrage collectif *Toxicomanies & lois : controverses*, Paris, L'Harmattan, 2002, p. 17.
25. L'organisation de la prise en charge sanitaire des toxicomanes, un temps dispersée, est désormais regroupée aux articles L. 3411-2 *sqq.* du Code de la santé publique.
26. Art. L. 3414-1 du Code de la santé publique.
27. Art. L. 3412-1 *sqq.* du Code de la santé publique.
28. Art. L. 3411-2 du Code de la santé publique.
29. Le principe est posé de manière particulièrement forte en cas de traitement volontaire par l'alinéa 2 de l'art. L. 3414-1 du Code de la santé publique.
30. Art. L. 3423-1 du Code de la santé publique.
31. Art. L. 3423-1 du Code de la santé publique.
32. Art. L. 3424-1 et L. 3424-2 du Code de la santé publique.
33. SIMMAT-DURAND L., « Les obligations de soins en France », *in* FAUGERON C., *Les drogues en France. Politiques, marchés, usages*, Paris, Georg, 1999, p. 110.
34. Circulaire n° 71-8 du 25 août 1971 et circulaire n° 73-11 du 30 mars 1973, citées par SIMMAT-DURAND L., *La lutte contre la toxicomanie, De la législation à la réglementation*, précité, p. 34.

du fait de l'absence de dépendance physique à l'égard de ce produit[35]. D'autre part, dans le cas des toxicomanies lourdes, l'injonction thérapeutique serait, en raison de son caractère coercitif, peu propice à une désintoxication durable qui requiert l'adhésion du malade au traitement[36]. L'échec de l'obligation de soins tiendrait également à la confusion des rôles entretenue par la loi entre l'autorité judiciaire et l'autorité sanitaire[37]. Ordonnée par un magistrat, qui se fait prescripteur de soins, l'injonction thérapeutique donne en effet au médecin qui apprécie les résultats de la cure un pouvoir d'ordre quasi-juridictionnel[38]. La collaboration entre la justice et ses partenaires médicaux et sociaux en aurait été entravée, faute de confiance suffisante entre les différents acteurs.

Force est de constater l'échec, sur le terrain, du dispositif de soins obligatoires mis en place par la loi de 1970. Les recherches empiriques ont mis en évidence une grande diversité, spatiale et temporelle, dans le prononcé des injonctions thérapeutiques[39]. Quant aux statistiques officielles, elles témoignent de la faiblesse des résultats obtenus[40]. Plusieurs fois réorientés par voie de circulaires, les objectifs de l'obligation de soins se sont réduits à mesure que l'illusion de la cure réparatrice se dissipait. Ils visent désormais essentiellement la mise en contact des usagers les plus précaires avec les services sanitaires, notamment pour permettre la surveillance sérologique des populations à risques. C'est désormais essentiellement sur le terrain pénal que se mène la lutte contre l'usage de drogues.

## II Le traitement pénal de l'usager de drogues illicites

L'inadaptation du traitement obligatoire pour venir en aide aux consommateurs de drogues illicites identifiés par l'appareil judiciaire a rendu sa mise en œuvre exceptionnelle. En revanche, l'incrimination de l'usage de stupéfiants, votée en son temps presque à regret par le législateur, a connu une destinée plus favorable (A). La pénalisation s'est en effet imposée comme une réponse institutionnelle à la consommation de drogues illicites (B). Ce mouvement a été facilité par la loi de 1970 qui contenait, sans les valoriser, les ressources nécessaires à une rigoureuse répression des usagers (C).

---

35. En ce sens, cf. les récents travaux menés au sein du Sénat canadien : *Le cannabis – Rapport du Comité spécial du Sénat sur les drogues illicites*, Montréal, Presses de l'Université de Montréal, 2003, not. p. 175 *sqq*. *Contra* Delhoste M.-F., « Des droits fondamentaux et du haschich », *Droit prospectif, Revue de recherche juridique*, 2003-1, p. 49.
36. Valeur M., « Drogues et droits du toxicomane : le point de vue du praticien », *in* Caballero F. (dir.), *Drogues et droits de l'homme*, Paris, Les empêcheurs de penser en rond, 1992.
37. Zavaro M., « Aspects judiciaires et médicaux de la toxicomanie », *Revue de science criminelle*, 1979, p. 255. Rappr. Firchow T. A., « Les conflits de politique criminelle en matière de lutte contre les toxicomanies », *Revue de sciences criminelles*, 1987, p. 951.
38. L'expert médical est en effet amené, en certaines circonstances, à décider du renvoi de l'usager devant une juridiction répressive ou au contraire d'un abandon des poursuites.
39. Simmat-Durand L., « L'obligation de soins : une pratique ambiguë », *Déviance et Société*, 1999, vol. 23, n° 4, p. 421.
40. *Ibidem*.

## A – *L'incrimination de l'usage illicite*

L'interdiction légale de consommer l'opium et le haschich « en société », édictée dès 1916[41], a été étendue par la loi de 1970 qui proscrit, plus généralement, tout usage illicite de stupéfiants. Proposée par le ministère de la Justice contre le ministère de la Santé[42], l'incrimination nouvelle a été adoptée par les parlementaires sur le fondement d'un droit à la santé, dont la contrepartie résiderait dans le pouvoir d'imposer certaines limites à l'utilisation que chacun peut faire de son propre corps[43]. La criminalisation de l'usager à raison de sa pratique était alors unanimement conçue comme un « filet de sécurité » destiné à venir en aide, envers et contre tout, aux toxicomanes refusant le traitement médical imposé par l'État[44].

Quant à ses éléments constitutifs, l'infraction d'usage illicite de stupéfiants est conçue largement[45]. D'une part, le délit suppose la consommation d'une substance ou plante classée comme stupéfiant par arrêté du ministre chargé de la santé[46]. Le droit ignore la distinction entre les produits classés : sous la qualification de stupéfiant se côtoient des produits, naturels ou synthétiques, aussi divers que le cannabis, l'héroïne ou les substances amphétaminiques. D'autre part, la consommation accidentelle, dès lors qu'elle est volontaire, est tout aussi punissable que la consommation habituelle. Peu importe, par ailleurs, également la nature de l'usage : seul ou en société, en privé ou en public, celui-ci est également punissable.

Paradoxal au regard de l'intention première du législateur qui souhaitait éviter autant que possible la prison aux usagers, le spectre large de l'incrimination d'usage a suscité de vives critiques[47]. La pénalisation de l'usage solitaire, par une personne majeure, à son domicile privé, d'une substance absorbée volontairement, porterait atteinte à la liberté fondamentale de faire « tout ce qui ne nuit pas à autrui[48] » et au principe selon lequel « la loi n'a le droit de défendre que les actions nuisibles à la société[49] ». La dimension liberticide de l'incrimination d'usage n'avait pas échappé aux parlementaires[50]. Mais confiants dans le dispositif sanitaire mis en place, ceux-ci avaient estimé que la sanction de l'usage resterait exceptionnelle.

## B – *La sanction de l'infraction d'usage*

L'action publique n'est pas exercée à l'égard des personnes ayant fait un usage illicite de stupéfiants lorsqu'il est établi qu'elles se sont soumises depuis à un

41. Sur la loi de 1916, cf. les articles de CHARRAS I. *op. cit.*
42. BERNAT DE CELIS J., *op. cit.*, p. 62 *sqq.*
43. DIENESCH (secrétaire d'État à l'action sociale et à la réadaptation), Assemblée Nationale, 3e séance du 29 juin 1970, JO, p. 3306.
44. GASSIN R., *op. cit.*, p. 144.
45. PRADEL J. et DANTI-JUAN M., *Droit pénal spécial*, 2e éd., Paris, Cujas, 2001, p. 111.
46. L'article L. 5132-7 du Code la santé publique dispose que « les plantes, substances ou préparations vénéneuses sont classées comme stupéfiants [...] par arrêté du ministre chargé de la santé pris sur proposition du directeur général de l'Agence française de sécurité sanitaire des produits de santé ».
47. Cf. notamment CABALLERO F., « Drogues et droits de l'homme en France », *in* CABALLERO F. (dir.), *op. cit.*, spéc. p. 14-22. *Adde.* CABALLERO F. et BISIOU Y., *op. cit.*, p. 547-554.
48. Art. 4 de la Déclaration des droits de l'Homme et du Citoyen.
49. Art. 5 de la Déclaration des droits de l'Homme et du Citoyen.
50. Cf. notamment l'intervention du sénateur Pierre MARCILHACY lors de la séance du 3 novembre 1970, JO, p. 1715.

traitement médical répondant aux conditions fixées par la loi[51]. À défaut, le procureur de la République reste libre de classer sans suite[52], de prononcer une injonction thérapeutique[53], de recourir à une mesure de rappel à la loi[54] ou de proposer une composition pénale à l'usager[55]. Si néanmoins l'action publique est mise en mouvement, l'article L. 3421-1 du Code de la santé publique prévoit que l'usage illicite « est puni d'un an d'emprisonnement et de 3 750 euros d'amende ». S'ajoute à cette sanction principale la confiscation des substances ou plantes saisies[56] et, à titre complémentaire facultatif, la fermeture de l'établissement où a été commis le délit[57].

La politique criminelle menée à l'égard des usagers a fait l'objet de plusieurs changements de cap[58]. Après avoir insisté sur la dimension thérapeutique de la loi de 1970[59], la Chancellerie réclame dès 1977 une répression plus ferme à l'encontre des usagers revendeurs. Mais dans le même temps, une circulaire recommande que les usagers de cannabis fassent l'objet d'une simple mise en garde, consacrant ainsi une dépénalisation de fait de la consommation de ce produit[60]. Au cours des années 1980 et 1990, la politique criminelle en matière d'usage oscille, les autorités ministérielles alternant invitations à l'action sanitaire et coups de barre répressifs. Cette politique en dents de scie a engendré une forte variabilité des pratiques judiciaires dans le temps comme dans l'espace[61].

Les sources statistiques relatives au phénomène des drogues et des toxicomanies[62] montrent que les peines d'amende ou d'emprisonnement sont devenues une réponse relativement fréquente à l'usage de stupéfiants. Parmi les dizaines de milliers de consommateurs de drogues illicites interpellés chaque année par la police (en 2003, 90 630 personnes[63]), plusieurs milliers sont condamnés (4 658 condamnations pour usage à titre d'infraction principale en 2002) et plusieurs centaines

51. Art. L. 3423-1, al. 3, du Code de la santé publique.
52. Art. 40-1 du Code de procédure pénale.
53. Art. L. 3423-1, al. 1, du Code de la santé publique.
54. Art. 41-1 du Code de procédure pénale.
55. Art. 41-2 du Code de procédure pénale.
56. Art. L. 3421-2 du Code de la santé publique.
57. Art. L. 3422-1 du Code de la santé publique.
58. Pour une description chronologique de la politique criminelle de la Chancellerie à l'égard des usages de drogues, cf. Caballero F. et Bisiou Y., *op. cit.*, p. 563-566. Comp. Simmat-Durand L., *La lutte contre la toxicomanie, De la législation à la réglementation*, précité, p. 37 *sqq*.
59. Cf. *supra*.
60. Circulaire 78-08 bis du 17 mai 1978, BO du ministère de la Justice, 1978, 8 bis, p. 1 *sqq*.
61. Sur la pratique du parquet de Paris durant les années 1990, cf. Vaubaillon M., « Politique de poursuites en matière d'usage et de trafic de stupéfiants », *Revue de sciences criminelles*, 1997, p. 35. Pour le département de l'Essonne, cf. Davenas L., « Les drogués : quels traitements ? », *Revue pénitentiaire*, 1995-2, p. 140.
62. Un répertoire des sources de données statistiques sur le phénomène des drogues et des toxicomanies en France est disponible sur le site internet de l'Observatoire français des drogues et des toxicomanies [http://www.ofdt.fr].
63. Nombre d'interpellations pour usage de stupéfiants enregistrées par les services de police et de gendarmerie. Plus de 9 sur 10 concernent des usagers de cannabis. Les autres produits apparaissent loin derrière. Excepté en 2001, le nombre annuel d'interpellations pour usage de stupéfiants augmente depuis plus de 10 ans. La hausse est particulièrement forte pour les cas d'usage d'ecstasy, de cocaïne/crack et de cannabis (nombre d'interpellations multiplié par 3 en 10 ans). Seules celles pour usage d'héroïne sont en baisse depuis 1996 (source : Observatoire français des drogues et des toxicomanies, *Drogues et dépendances – Données essentielles*, *op. cit.*).

incarcérés (en 2003, 1 977 personnes[64]). Rapprochés du nombre d'injonctions thérapeutiques prononcées et menées à leur terme (en 2002, 4 068 mesures comptabilisées[65]), ces chiffres attestent du caractère sinon systématique, du moins habituel, de la pénalisation de l'usage de drogues. D'autant que la répression des consommateurs emprunte parfois d'autres voies que la sanction de l'usage simple.

### *C – La répression des usagers*

La répression de l'usager de stupéfiants n'est pas seulement suspendue à l'article L. 3421-1 du Code de la santé publique. Des incriminations complémentaires existent, qui visent l'usager revendeur[66], l'usager conducteur[67] ou l'usager prosélyte[68]. Mais surtout, la simple consommation illicite d'une drogue implique la commission d'autres actes matériels en eux-mêmes punissables, ce qui laisse la porte ouverte à un concours de qualification permettant de poursuivre les usagers pour trafic.

L'usage illicite d'une drogue ne se conçoit guère sans sa détention, son achat ou sa production. Or, ces agissements sont sévèrement réprimés par la loi de 1970 qui se voulait implacable pour les trafiquants. Ainsi l'usager qui recours à l'auto-production encourt-il une peine criminelle de vingt ans[69]. Quant à celui qui passe la frontière, transporte, acquiert ou détient une drogue prohibée en vue de sa consommation personnelle, il risque une peine correctionnelle de dix ans[70]. Les poursuites contre l'usager simple sont également possibles sur le fondement de textes plus généraux réprimant délits douaniers[71] ou infractions à la législation sur les substances vénéneuses[72].

Pour les auteurs de la loi de 1970, la punition de l'utilisateur de drogues devait être réservée au toxicomane endurci rétif à tout traitement. Les limites de l'idéal thérapeutique, qui légitima en son temps l'institution d'une pénalisation subsidiaire, auraient pu amener le législateur à reconsidérer le volet pénal du statut du consommateur de stupéfiants. L'impossible « désintoxication » des usagers récréatifs conduit au contraire les tenants de la répression à réclamer leur sanction systématique en se prévalant des risques d'une dépénalisation de fait[73]. Ce durcissement dogma-

---

64. Nombre de personnes ayant été incarcérées pour usage de stupéfiants, comme seul motif ou en association avec d'autres infractions (source : OFDT, *op. cit.*).
65. Nombre de mesures terminées, réussies et donnant lieu à un classement sans suite (source : OFDT, *op. cit.*).
66. BORRICAND J., « La politique criminelle française de fond en matière de stupéfiants », *in* Institut de sciences pénales et de criminologie, *Problèmes actuels de science criminelle*, vol. XIV, Aix en Provence, PUAM, 2001. Plus généralement, sur le trafic de stupéfiants, cf. SAMUEL X., *Jurisclasseur pénal*, fasc. 222-34 à 222-43.
67. Art. L. 235-1 à L. 235-4 du Code de la route. Sur ce nouveau délit, cf. PIRE E., « Conduite automobile et usage de stupéfiants : à trop vouloir en faire… », D. 2003, p. 771.
68. Art. L. 3421-4 du Code de la santé publique.
69. Art. 222-35 du Code pénal.
70. Art. 222-36 et art. 222-37 du Code pénal.
71. Art. 414 du Code des douanes.
72. Art. L. 5432-1 du Code de la santé publique. La catégorie des substances vénéneuses, soumise à un régime juridique moins répressif que celui applicable aux substances stupéfiantes, inclut néanmoins ces dernières (art. L. 5132-1 du Code de la santé publique).
73. Le rapport consacré à la lutte nationale contre les drogues illicites, remis au Président du Sénat le 28 mai 2003 par M^me^ Nelly OLIN, est exemplaire de cette position répressive. Le principe y est défendu d'une sanction systématique de l'usage de drogues (p. 395). À cette fin, la commission d'enquête préconise de prévoir une contravention permettant de réprimer plus aisément la première infraction tout en conservant le délit d'usage illicite assorti d'un an de prison en cas de récidive (p. 396).

tique, qui permet de mieux fonder le caractère punitif du traitement légal réservé au consommateur de drogues, a jusqu'à maintenant justifié la conservation de la loi de 1970... au risque d'en trahir l'esprit.

# Les nouvelles figures procédurales de la prohibition des stupéfiants

Jean DANET

Contrairement à d'autres domaines du droit pénal français où se manifestent de profonds changements [1], seules des modifications superficielles ont été apportées aux incriminations et aux peines établies par la loi du 31 décembre 1970 relative à l'usage illicite des substances vénéneuses. La réforme du Code pénal en 1992 fut certes l'occasion de criminaliser les infractions les plus graves que sont la direction et l'organisation du trafic, la production et la fabrication de stupéfiants ainsi que leur importation ou leur exportation en bande organisée. Les peines édictées pour ces crimes ont alors été respectivement portées à la réclusion criminelle à perpétuité, à trente ans et à vingt ans de réclusion criminelle, là où précédemment elles étaient limitées à vingt ans d'emprisonnement. Mais le transfert dans le Code pénal nouveau des infractions à la législation sur les stupéfiants, à l'exception remarquable du délit d'usage demeuré dans le Code de la santé publique, a davantage tenu d'un choix symbolique que d'une transformation substantielle du droit.

Depuis, seules deux modifications de fond ont affecté la législation pénale relative aux drogues illicites. En 1996, le législateur a incriminé le blanchiment de fonds provenant des infractions sur les stupéfiants et a institué un délit de « proxénétisme de la drogue » ou « recel-profit du trafic [2] ». Enfin, la conduite sous l'influence de stupéfiants fait l'objet de recherche systématique en cas d'accident de la circulation mortel depuis 1999 [3], de dépistage possible pour tous les accidents corporels depuis 2001 [4], et d'incriminations sous forme de délit autonome ou de circonstances aggravantes des délits d'atteintes involontaires à la vie ou à l'intégrité des personnes depuis 2003 [5]. Cette dernière évolution constitue sans doute la plus notable de notre droit pénal spécial en matière de stupéfiants depuis 1970.

1. Pour une étude des manifestations du surarmement pénal observé depuis 1992, nous nous permettons de renvoyer à notre étude « Droit pénal et procédure pénale sous le paradigme de l'insécurité », *Archives de politique criminelle*, 2003.
2. Cette infraction se caractérise par un renversement de la charge de la preuve : la fréquentation de trafiquants de stupéfiants instaure une présomption de recel contre celui qui ne peut justifier de ses ressources. Depuis la même infraction a été introduite en d'autres domaines. Fin 2004, le Garde des Sceaux encourageait les parlementaires à généraliser à tout crime ou délit ce système. (Rép. min. n° 14366 : JO Sénat Q, 30 déc. 2004, p. 3017).
3. Loi n° 99-505 du 18 juin 1999.
4. loi n° 2001-1 062 du 15 novembre 2001 dite loi sur la sécurité quotidienne.
5. loi n° 2003-87 du 3 février 2003.

Plus que le fond du droit de la drogue, c'est sa procédure qui a connu au cours de ces dernières années d'importantes transformations. Celles-ci ont des conséquences sur le traitement pénal des infractions mais aussi, indirectement, sur la réalité de la pénalisation elle-même. Sans doute les trafics de drogues appartiennent-ils à ces infractions dont l'évolution amène « le public à réclamer une intervention accrue du droit pénal et, par voie de conséquence, à minimiser les exigences des droits de l'homme face à la menace du crime[6] ». Toujours est-il que le régime procédural d'exception, qui caractérise de longue date la phase policière d'enquête sur les infractions à la législation sur les stupéfiants, a récemment été conforté par plusieurs réformes (I). La phase judiciaire de la procédure connaît quant à elle une profonde mutation, au point que la pénalisation de ces crimes et délits se trouve largement infléchie par la procédure sans même que la loi de 1970 n'ait nécessité d'être modifiée en ce qui concerne la répression de l'usage (II).

## I Une procédure d'exception dans la phase policière

Rares sont, dans notre Code de procédure pénale, les infractions qui donnent lieu à une procédure d'exception durant la phase policière. Les infractions militaires, les crimes et les délits contre les intérêts fondamentaux de la nation, les infractions économiques et financières sont jugées par des juridictions spécialisées et donnent lieu, dans la phase judiciaire, à l'application de règles de compétence particulières. Mais le domaine des stupéfiants partage depuis 1986 avec le terrorisme, et dans une moindre mesure le proxénétisme et les infractions sexuelles, cette particularité : la recherche et la constatation de ces infractions n'obéissent pas aux règles de droit commun. Ce régime procédural d'exception en matière de stupéfiants n'est pas nouveau[7]. La loi de 1970 en a posé les premiers jalons en organisant les perquisitions de nuit[8] par exception aux règles de l'article 59 du Code de procédure pénale, ainsi que la prolongation de la garde à vue[9]. Depuis, ce régime d'exception tient bon. Il s'est renforcé par emprunt réciproque avec celui en vigueur en matière de terrorisme (A) et a été confirmé et renforcé par le législateur à plusieurs reprises : explicitement, lorsque cette procédure d'exception a été durcie ou étendue à d'autres domaines, et implicitement, lorsque les nécessités de renforcer la présomption d'innocence ont trouvé en elle leurs limites (B).

### *A – Un régime procédural d'exception*

Au fil des années, le législateur a instauré une procédure profondément dérogatoire au droit commun en matière d'infractions à la législation sur les stupéfiants. On présentera brièvement ces dispositions procédurales d'exception, dont certaines sont aujourd'hui abrogées, en soulignant leur éventuelle évolution.

6. DE GOUTTES R., « Droit pénal et droits de l'homme », *Revue de sciences criminelles*, 2000, p. 135, et les analyses des travaux du Conseil de l'Europe qui y sont rapportées, notamment celles de BRONISLAW GEREMEK M. à propos des pays d'Europe centrale et orientale.
7. Le décret du 12 septembre 1929 réglementant la répression de la contrebande d'opium en Indochine prévoyait déjà les perquisitions de nuit. Cf. sur ce point CABALLERO F. et BISIOU Y., *Droit de la drogue*, 2e éd., Paris, Dalloz, 2000, n° 574.
8. Art. L. 627 al. 8 du Code de la santé publique.
9. Art. L. 627-1 du Code de la santé publique.

*Les contrôles d'identité.* Il ne suffisait pas qu'en 1983, le législateur ait autorisé le contrôle judiciaire d'identité (art. 78-2 al. 1 du Code de procédure pénale) sur toute personne à l'égard de laquelle existe des indices d'avoir commis, tenté ou préparé la commission d'une infraction alors que la jurisprudence développe une conception très subjective des indices en matière de stupéfiants[10]. Il ne suffisait pas non plus qu'en 1993, le législateur ait institué la possibilité de contrôles administratifs d'identité (art. 78-2 al. 2 du Code de procédure pénale) autorisés par le procureur de la République pour rechercher, sur un temps et en des lieux déterminés, telle ou telle infraction. La loi du 15 novembre 2001 ajouta, pour quelques infractions (terrorisme, stupéfiants et armes), la possibilité de procéder à des contrôles d'identité ainsi qu'à la fouille de véhicules automobiles, sur autorisation du procureur, en des temps et lieux déterminés (art. 78-2-2 du Code de procédure pénale). Destinée à ne s'appliquer que jusqu'au 31 décembre 2003, cette disposition a été pérennisée par la loi du 18 mars 2003 et étendue aux vols et recels. Ces contrôles permettent, sans encourir de nullité, de relever toute infraction, notamment celles de conduite sous l'influence de stupéfiants.

*La garde à vue.* Depuis la loi de 1970, la garde à vue en cas d'infractions à la législation sur les stupéfiants pouvait être prolongée jusqu'à 96 heures[11]. au lieu de 48 heures en droit commun. Cette exception, transposée en 1986 aux infractions de terrorisme dans des termes très proches, pouvait paraître présenter en matière de stupéfiants une spécificité quant aux garanties censées l'entourer. Dans cette hypothèse en effet, le gardé à vue devait être examiné toutes les 24 heures par un « médecin expert », désigné par un magistrat, pour apprécier si son état était compatible avec cette mesure. Mais cette garantie a été rabotée par la jurisprudence qui estimait que, dès lors que l'irrégularité n'a pas porté atteinte aux intérêts du gardé à vue, il importait peu que le médecin ait été désigné par un officier de police judiciaire et qu'il ne soit pas « expert[12] ». En revanche, alors qu'en matière de terrorisme, la prolongation supplémentaire de 48 heures au terme de la durée maximale de droit commun supposait que le gardé à vue ait été présenté à l'autorité qui statue sur cette prolongation[13], en matière de stupéfiants, « à titre exceptionnel, la prolongation [pouvait] être accordée par décision écrite et motivée sans présentation préalable[14] ». La procédure applicable aux infractions à la législation sur les stupéfiants présentait ici des garanties moindres que celle régissant les actes de terrorisme.

*L'entretien avec un avocat.* En 1993, la loi a autorisé l'entretien du gardé à vue avec l'avocat à compter de la 20e heure. Repoussant en certaines matières (proxénétisme, extorsion de fonds, association de malfaiteurs et infractions commise en bande organisée) l'intervention de l'avocat à la 36e heure, le législateur avait cru devoir instituer un « super régime » d'exception en matière de stupéfiants et de terrorisme : l'entretien était ici repoussé à la 72e heure. La loi du 15 juin 2000 renforçant la protection de la présomption d'innocence aurait pu être l'occasion de mettre fin à cette singularité. Elle l'a plutôt renforcée puisqu'en droit commun, l'avocat

10. Cf. CABALLERO F. et BISIOU Y., *op. cit.*, p. 704 et la jurisprudence citée.
11. Ancien art. 706-29 du Code de procédure pénale.
12. Cass. Crim. 25 février 2003, *Droit pénal*, 2003, comm. 80, obs. Maron et Haas.
13. Ancien art. 706-23 al. 3 du Code de procédure pénale.
14. Ancien art. 706-29 al. 3 du Code de procédure pénale.

intervenait désormais à la première heure, tandis que l'exception demeurait. La loi du 9 mars 2004 portant adaptation de la justice aux évolutions de la criminalité, dite loi Perben II, n'a pas modifié les règles applicables en matière de stupéfiants et de terrorisme qui conservent donc leur régime exceptionnel[15].

*Les perquisitions.* Malgré les restrictions apportées aux perquisitions de nuit en matière de terrorisme par le Conseil constitutionnel dans sa décision du 16 juillet 1996, le législateur choisissait, par une loi du 22 juillet de la même année, de permettre ces perquisitions sur autorisation du juge d'instruction en matière de stupéfiants (ancien article 706-28 du Code de procédure pénale). Ces perquisitions pouvaient être menées de nuit en cas d'infraction flagrante[16], y compris dans une habitation, sur autorisation du juge des libertés ou du juge d'instruction. Par ailleurs aux termes de la loi du 15 novembre 2001, votée à titre provisoire jusqu'à fin 2003, le juge des libertés sur requête du procureur pouvait autoriser, en matière d'enquête préliminaire cette fois, les perquisitions sans l'assentiment de la personne concernée (art. 76-1 du Code de procédure pénale). Lorsqu'elles ne concernaient pas des locaux d'habitation, elles pouvaient intervenir hors des heures légales. Cette disposition, comme celle de l'article 78-2-2, concernait les infractions aux armes et aux stupéfiants. La loi du 18 mars 2003 en a prolongé l'application jusqu'à la fin de l'année 2005.

*Livraisons surveillées, mesures conservatoires, « douane judiciaire ».* En 1991[17], le législateur a autorisé la police à procéder à des livraisons surveillées de stupéfiants, en les subordonnant à l'information du procureur de la république, ainsi qu'à des livraisons contrôlées, autrement dit des « infiltrations », sur permission du procureur ou du juge d'instruction. Ces mécanismes policiers, périlleux à tout point de vue, sont devenus des actes d'administration de la preuve là où la jurisprudence n'en faisait jusqu'alors que des faits justificatifs[18]. En 1994[19], la loi autorisait le juge du siège à prendre toute mesure conservatoire sur l'ensemble des biens du mis en examen pour infractions aux stupéfiants afin de garantir le paiement des amendes et l'exécution de la confiscation prévue par les dispositions du Code pénal. Ajoutons encore le choix du législateur, en 1999[20], de permettre, en matière d'infractions aux armes et aux stupéfiants, la création d'unités temporaires d'enquête constituées d'agents des douanes et d'OPJ, que certains ont pu appeler « la douane judiciaire[21] ».

15. Désormais prévues à l'article 706-88 al. 6 du Code de procédure pénale.
16. En ce sens, cf. BUISSON J., *Jurisclasseur Procédure pénale*, Art. 706-26 à 706-33 ; *contra* CABALLERO F. et BISIOU Y., *op. cit.*, p. 709, n° 574, qui soutiennent que les dispositions de l'article 706-28 s'appliquent tant en matière d'enquête préliminaire que de flagrance. L'adoption, par la loi du 15 novembre 2001, de l'article 76-1 du Code de procédure pénale spécifique à l'enquête préliminaire et autorisant ces perquisitions de nuit a démontré depuis qu'il n'en était rien.
17. Loi n° 91-1 264 du 19 décembre 1991 dite loi Charasse, aujourd'hui ancien art. 706-32 du Code de procédure pénale.
18. Cf. sur ce point GUINCHARD S. et BUISSON J., *Procédure pénale*, 2e éd., Paris, Litec, 2002, n° 498 et n° 547.
19. Loi n° 94-89 du 1er février 1994 devenu l'article 706-30 du Code de procédure pénale, aujourd'hui abrogé, repris par ailleurs. Cf. *infra*.
20. Art. 28-1 II du Code de procédure pénale. La disposition est maintenue en matière de stupéfiants.
21. DOBKINE, « La création d'une nouvelle force de police judiciaire : la douane judiciaire », D. 2001, *Point de vue*, n° 19.

*Prescription.* C'est enfin en matière de prescription de l'action publique et des peines que le législateur a cru devoir instituer un régime d'exception pour les infractions à la législation sur les stupéfiants. Une loi du 31 décembre 1987 avait soumis les faits de trafic à la prescription en matière de crime [22] (10 ans pour la prescription de l'action publique et 20 ans pour la prescription de la peine). Cette dérogation n'a pas paru suffisante au législateur qui a suivi jusqu'au bout les exhortations de la Convention de Vienne [23] à fixer une période de prescription prolongée en cas d'infraction en matière de stupéfiants. En ce domaine, l'action publique et les peines se prescrivent désormais au bout de trente ans pour les crimes et de vingt ans pour les délits, hormis l'usage de drogues illicites qui reste régi par le droit commun.

### B – Une procédure d'exception récemment confortée

Le régime procédural dérogatoire au droit commun qui caractérise la législation sur les stupéfiants a été confirmé et durci par les évolutions récentes de la procédure pénale française. Au nom d'un « droit à la sécurité [24] », droit fondamental proclamé par le législateur en 1995 et réaffirmé depuis en 2001 et 2003, les pouvoirs de contrainte policière ont été largement renforcés ces dernières années. Ils l'ont été encore par la loi du 9 mars 2004, afin de faciliter la recherche et la constatation des infractions qui relèvent de la criminalité organisée. Nombre de ces dispositions s'inspirent des régimes d'exception en vigueur en matière de drogues et de terrorisme, elles en étendent le champ d'application et les confortent par là même. D'autres dispositifs procéduraux, applicables à l'ensemble des infractions, renforcent par ailleurs les pouvoirs policiers en matière de stupéfiants en venant s'ajouter aux dispositions d'exception précédentes.

La loi sur la sécurité quotidienne du 15 novembre 2001, la loi du 18 mars 2003 pour la sécurité intérieure, et la loi du 9 mars 2004 portant adaptation de la justice à l'évolution de la criminalité modifient le droit commun et, partant, la procédure applicable aux infractions à la législation sur les stupéfiants. Extension de compétence territoriale de la police, des pouvoirs des douanes et des personnels d'activité de surveillance, la mobilisation est générale. L'introduction du témoignage anonyme et du système des repentis pour certaines infractions, dont le trafic de stupéfiants [25], modifient singulièrement les règles d'administration de la preuve. La notion de suspect est redéfinie de manière plus subjective, la fouille des véhicules conduits ou occupés par une personne suspecte est autorisée et la durée de l'enquête de flagrance est portée à quinze jours (au lieu de huit jours) durant lesquels la police pourra

22. Ce qui conduisait CABALLERO F. à qualifier l'infraction de trafic de « délit criminel », cf. *Droit de la drogue*, 1re éd., Paris, Dalloz, 1989, p. 589.
23. Convention des Nations Unies contre le trafic illicite de stupéfiants et de substances psychotropes adoptée à Vienne le 19 décembre 1988 signée par la France le 13 février 1989 et entrée en vigueur le 31 mars 1991.
24. Cf. nos développements sur ces questions, « Droit pénal et procédure pénale. », article précité note 1.
25. Cf. l'article 12 II de la loi d'adaptation de la justice qui a introduit, dans la partie générale du Code pénal, un article 132-18 définissant ce mécanisme et l'a prévu à propos des crimes d'assassinat ou d'empoisonnement, de tortures et actes de barbarie, de trafic de stupéfiants, d'enlèvement et de séquestration, de détournements, de traite des êtres humains, de proxénétisme, de vol ou d'extorsion en bande organisée, et de diverses infractions relatives aux armes et munitions.

mettre en œuvre les pouvoirs importants qui lui sont accordés dans ce cadre. Les divers fichiers policiers ainsi que les fichiers d'empreintes génétiques sont étendus aux suspects et de nouveaux moyens techniques sont donnés à la police afin de favoriser la recherche, la circulation et la conservation de l'information.

Dans le domaine de la criminalité organisée, telle que la définit la loi du 9 mars 2004 [26], la garde à vue, on l'a dit, est portée à une durée maximale de quatre jours durant lesquels le gardé à vue peut recevoir à quatre reprises la visite d'un avocat [27] sauf règles d'exception, notamment celles en vigueur pour les trafics de stupéfiants qui sont maintenues. Toujours dans ce champ d'infractions, le juge des libertés ou le juge d'instruction peut autoriser les perquisitions de nuit y compris dans les locaux d'habitation en cas de flagrance ou de risque immédiat de disparition des preuves [28]. Selon les cas, le procureur ou les deux magistrats précités peuvent, à certaines conditions, autoriser les perquisitions en l'absence du mis en cause. Ici encore les règles antérieurement en vigueur pour les trafics de stupéfiants subsistent, mais le régime d'exception fait tache d'huile et s'étend, selon des modalités très proches, à tout le domaine de la criminalité organisée.

La loi du 9 mars 2004 [29] permet, toujours en matière de criminalité organisée, la possibilité d'écoutes téléphoniques et de sonorisation des véhicules en enquête préliminaire sur autorisation du juge des libertés et de la détention. Les possibilités de surveillance [30] et d'infiltration sont étendues, cette dernière technique pouvant être autorisée pour une durée de quatre mois renouvelable [31]. De même, les dispositions sur les mesures conservatoires de saisie des biens des personnes mises en examen ainsi que les règles de prescription relatives au trafic de stupéfiants ont été étendues à toute la criminalité organisée.

Loin de disparaître ou de s'aligner sur le droit commun, la procédure d'exception applicable en matière de stupéfiants sort donc renforcée de cette frénésie réformatrice. L'ensemble des nouvelles dispositions donne à la police des moyens exceptionnels pour la recherche et le constat des infractions au point que l'ouverture d'une instruction pourra sembler en bien des cas inutile. L'enquête devient le domaine potentiellement exclusif de la police sous contrôle du procureur à l'exception des affaires criminelles. Or, en matière de trafic de stupéfiants délictuel, l'ouverture d'une instruction était encore relativement fréquente. Elle pourrait bien se raréfier en raison des nouveaux pouvoirs accordés à la police, parfois sous le contrôle du juge des libertés. Ce dispositif aboutirait alors à une forme de contournement des règles du procès équitable durant l'instruction instituées par la loi du 15 juin 2000 sur la présomption d'innocence.

---

26. L'article 1 de la loi d'adaptation de la justice consacre un titre du Code de procédure pénale à « la procédure applicable à la criminalité organisée ». L'article 706-73 donne la liste des infractions entrant dans cette catégorie nouvelle de délinquance qui inclut les trafics de stupéfiants.
27. Art. 706-88 et 63-4 al. 7 du Code de procédure pénale, lesquels ne remettent pas en cause, on l'a dit, les régimes dérogatoires déjà existant en matière de stupéfiants. La première visite de l'avocat n'intervient alors qu'à la 72$^{e}$ heure.
28. Art.706-89 à 706-93 du Code de procédure pénale.
29. Art. 706-96 du Code de procédure pénale.
30. Art. 706-80 du Code de procédure pénale.
31. Articles 706-81 à 706-83 du Code de procédure pénale.

## II Une procédure en mutation dans la phase judiciaire

Le traitement judiciaire des infractions à la législation sur les stupéfiants s'éloigne de plus en plus du schéma initial posé par la loi de 1970. On assiste à l'évolution des pratiques judiciaires (A) et à l'introduction de nouvelles figures procédurales qui affectent les modalités de la répression (B).

### *A – L'évolution des pratiques judiciaires*

La loi de 1970 proposait un modèle procédural simple. L'usager de stupéfiants était à la fois malade et délinquant. D'où l'alternative laissée au parquet entre injonction thérapeutique et jugement. Le « trafiquant », au sens très large donné à ce terme par la loi de 1970, était jugé par le tribunal correctionnel statuant en formation collégiale quelle que soit l'importance du trafic et alors même que des peines très lourdes étaient encourues. Le schéma n'a jamais véritablement fonctionné au sens où l'injonction thérapeutique fut rapidement délaissée. Le simple usage était soit poursuivi, soit classé sans suite, au gré des politiques locales des parquets. Les années quatre-vingt auront ainsi été celles de l'unité du contentieux des stupéfiants, le plus souvent engagé sous forme de dossiers d'instruction rassemblant tout à la fois des petits revendeurs, voire des consommateurs, et des trafiquants de plus ou moins grande envergure.

Les années quatre-vingt-dix ont vu l'éclatement de ce contentieux. En 1992, la criminalisation des trafics les plus importants donne compétence à la cour d'assises pour en connaître. Le législateur, dramatisant à l'extrême la situation, décide comme en matière de terrorisme d'instituer pour ces affaires des cours d'assises spéciales composées exclusivement de magistrats professionnels. Mais l'institution judiciaire n'a pas les moyens matériels de tels choix et la perspective de voir six magistrats quitter leurs fonctions habituelles pour devenir assesseurs en cour d'assises pendant une semaine entière est insupportable dans la plupart des juridictions. Les faits, criminalisés en droit, sont donc immédiatement correctionnalisés en pratique. Les statistiques révèlent ainsi qu'en matière d'infraction à la législation sur les stupéfiants, seules 112 condamnations pour crime ont été prononcées de 1998 à 2002, soit 24 par an en moyenne, contre environ 23 300 condamnations annuelles en moyenne pour des délits [32]. À l'autre bout de la chaîne, l'usager non trafiquant est confié, à compter de 1995, au tribunal correctionnel statuant à juge unique pour permettre un traitement plus massif et plus fluide de ce type d'infractions. L'unité du contentieux est alors théoriquement rompue au plan de la compétence juridictionnelle.

Cette diversification du contentieux se constate également en ce qui concerne le déclenchement des poursuites. Jusqu'en 1996, la législation pénale en matière de stupéfiants n'était pensée que sous la forme d'une législation d'ordre public. Il ne s'agit pas là de « délits de plainte [33] » et aucune victime n'y a sa place. Mais le législateur, cédant à une manie aussi régulière que critiquable, a autorisé les associations luttant contre la toxicomanie et le trafic de stupéfiants à exercer l'action civile [34].

32. Cf. Annuaire statistique de la justice, Paris, Documentation française, 2004.
33. Cf. M. van de Kerchove, « Éclatement et recomposition du droit pénal », *Revue de sciences criminelles*, 2000, p. 5-15.
34. Art. 2-16 du Code de procédure pénale issu de la loi n° 96-392 du 13 mai 1996.

La voie ainsi ouverte demeure pour l'instant quasi-inexploitée. Mais l'instrument ainsi proposé n'est peut-être qu'en sommeil. La création d'infractions et de circonstances aggravantes tenant à la conduite sous l'influence de stupéfiants pourrait bien rompre, ici encore, l'unité de la matière en ouvrant, aux cotés d'un contentieux d'ordre public tel que nous l'avons connu jusqu'ici, un contentieux dans lequel les victimes viendront prendre toute leur place.

Finalement, c'est le principe même du traitement judiciaire classique des infractions à la législation sur les stupéfiants qui est remis en cause depuis peu par l'apparition de la composition pénale, par l'élargissement du champ de la comparution immédiate et par la création d'une procédure de comparution sur reconnaissance préalable de culpabilité. La composition pénale était déjà utilisée dans certaines juridictions pour traiter des dossiers d'usage de stupéfiants. Le prévenu échappe alors à l'audience publique s'il accepte d'exécuter une mesure ou de payer une amende dite de composition. Un magistrat du siège voire un juge de proximité non professionnel peut, en ce cas, valider la proposition du parquet. La comparution immédiate permet, quant à elle, de juger en flux tendus des délits punis de dix ans d'emprisonnement, les dossiers étant constitués au terme d'une simple enquête préliminaire menée, il est vrai, avec des moyens de contrainte aussi puissants que ceux ouverts par une instruction. Enfin, depuis octobre 2004, le « plaider coupable » constitue un nouvel instrument pour traiter des affaires de faible gravité dans lesquelles le parquet n'envisage de réclamer, au pire, qu'une peine d'emprisonnement inférieure ou égale à un an.

Les infractions à la législation sur les stupéfiants sont aujourd'hui susceptibles de donner lieu à diverses procédures de jugement, voire à un traitement pénal alternatif. Ces mutations modifient singulièrement la pratique de pénalisation.

### *B – La pénalisation modifiée par la procédure*

La réforme un temps annoncée de la loi de 1970 devait porter sur la pénalisation de l'usage. La peine d'emprisonnement devait-elle à cette occasion disparaître ? Quant à l'amende qui sanctionne déjà la consommation de stupéfiants, il était question qu'elle demeure, soit sous forme de peine prononcée par jugement ou par ordonnance en cas de contraventionnalisation, soit sous forme de « mesure » ordonnée dans le cadre d'une composition pénale concurremment à d'autres sanctions comme la suspension de permis de conduire. En réalité, une telle réforme ne s'imposait aucunement sur un plan technique, au sens où le résultat qu'elle visait pouvait déjà être atteint, la loi de 1970 ne contraignant nullement les juges à prononcer des peines d'emprisonnement. Une telle évolution législative aurait donc essentiellement rempli une fonction symbolique. Elle pouvait permettre d'une part de réaffirmer l'interdit en excluant le choix de la dépénalisation et, d'autre part, de proscrire l'emprisonnement en laissant entendre qu'une peine moins lourde permettrait de punir mieux mais avec plus de régularité pour remédier ainsi à la situation de justiciabilité très incertaine que nous connaissons, en ce domaine comme en d'autres[35].

35. Cf. VAN DE KERCHOVE M., « Éclatement et recomposition du droit pénal », *Revue de sciences criminelles*, 2000, p. 5-15.

Pour le reste, les choix du législateur effectués ces dernières décennies sur la pénalisation du trafic sont demeurés eux aussi largement symboliques : criminalisation peu utilisée, peines alourdies alors que les maximums précédents n'étaient jamais atteints[36], allongement de la prescription de l'action publique sans rapport avec les capacités de recherche d'infractions commises vingt ou trente ans plus tôt... Le législateur fait-il autre chose en adoptant ces textes que réaffirmer solennellement la gravité qu'il attache à ces infractions ?

Le gouvernement a finalement renoncé à réformer la loi de 1970. Et le parlement n'a pas davantage repris la question à son compte. Ce sont en réalité les perspectives ouvertes par la technologie[37] et la procédure pour constater et traiter les infractions qui vont modifier la pratique de pénalisation. Nul doute sur ce point que la possibilité de soumettre de nombreux conducteurs de véhicules à des épreuves de dépistage pourrait donner le sentiment d'une répression moins aléatoire, compensant l'allégement envisagé de la pénalisation du « simple usage ». Cette pénalisation d'un certain usage (associé à la conduite d'un véhicule) prendra un autre sens. L'usage aggravant l'infraction d'atteintes involontaires à la vie ou à la personne fait basculer l'infraction en matière de stupéfiants vers un « délit plainte » avec une victime, voire une partie civile associative. Au moment même où un débat pouvait s'engager sur la dépénalisation relative de l'usage du cannabis (sa contraventionnalisation au moins), le législateur créait dans un évident consensus, de nouvelles infractions d'usage associées à la circulation routière. Pénalisation et dépénalisation pouvaient apparaître comme des logiques concurrentes à l'œuvre simultanément. On ne s'étonnera pas que dans ce combat la première l'ait emporté.

Au travers des choix de procédure se repèrent également d'autres logiques[38] en concurrence dans le champ pénal contemporain : droit pénal « fort »/droit pénal « doux », globalisation/localisation, public/privé, droit imposé/droit négocié. En même temps qu'on donne à la police tous les moyens, procéduraux et techniques, de lutter contre les trafics et que des peines allant jusqu'à dix ans de prison voire vingt ans en matière de récidive vont pouvoir être prononcées dans l'urgence de la comparution immédiate, le législateur cherche à traiter une bonne part de ce contentieux sous des formes judiciaires plus douces que l'audience publique devant le tribunal correctionnel. À côté d'un droit de la drogue imposé, largement dérogatoire au droit commun, où la contrainte est maximale tant dans la phase policière que lors du procès lui-même (Cour d'assises spéciale, comparution immédiate), un droit pénal négocié applicable aux infractions en matière de stupéfiants se développe (classement sous condition après injonction thérapeutique, orientation vers une structure sanitaire, composition pénale, comparution sur reconnaissance préalable de culpabilité). Les conventions internationales déterminent autant que les choix du Parlement le contenu de la loi, mais la diversification des choix procéduraux

36. Cf. TIMBART O., « Les infractions à la législation sur les stupéfiants », *Études et statistiques Justice 4*, Ministère de la justice, 1995.
37. Sur d'autre aspects que ceux notés ici, cf. DEVRESSE M.-S., « Usagers de drogue et nouvelles procédures pénales », *Revue de sciences criminelles*, 2003, p. 435.
38. Cf. sur ces logiques VOGLIOTTI M. « Mutations dans le champ pénal contemporain », *Revue de sciences criminelles*, 2002, p. 721-745.

ouverts aux parquets comme les liens de ces derniers avec les acteurs locaux de sécurité aboutissent à des politiques pénales locales extrêmement variées[39] et parfois bien éloignées des logiques globales. Alors que les infractions à la législation sur les stupéfiants caractérisaient une justice d'ordre public toute entière mise en œuvre par l'État, la consommation de stupéfiants fait de plus en plus l'objet de recherches dans le cadre privé des relations de travail et de sanctions disciplinaires ou professionnelles, tandis que les victimes et leurs porte-parole autoproclamés vont faire sans doute d'ici peu irruption dans le procès pénal avec l'incrimination de la conduite sous l'influence des stupéfiants.

La pénalisation de l'usage et du trafic de stupéfiants se caractérise par une procédure d'exception dans la phase policière qui rappelle celle applicable aux infractions de terrorisme. Ces dispositifs d'exception, qui se renforcent et se diffusent, manifestent autant voire plus que les règles pénales de fond les convictions prohibitionnistes de notre droit. Mais l'unité du contentieux des infractions à la législation sur les stupéfiants a explosé et la matière n'échappe pas aux contradictions contemporaines du droit pénal. Depuis longtemps déjà, personne ne croyait plus vraiment que le recours au procès pénal puisse conduire à autre chose qu'à une réaffirmation aléatoire, et donc injuste, de l'interdit de l'usage de drogues, et à une pénalisation ponctuelle des maigres résultats policiers dans la lutte contre le trafic. Les outils procéduraux exorbitants confiés à la police et la diversité des moyens du traitement pénal vont-ils, à l'expérience, convaincre de ce qu'ils sont efficaces et justifiés ? Rien n'est moins sûr. Reste à savoir la leçon qu'on tirera d'un constat d'échec relatif.

39. Cf. sur ce point et sur l'exemple de la composition pénale, Grunvald S. et Danet J., *La composition pénale, une première évaluation*, Paris, L'Harmattan, 2005.

Deuxième partie

# Regards d'acteurs sur le droit en vigueur

# Prévention ou répression ? L'ambiguïté, vice principal de la loi de 1970

André-Michel VENTRE

Comment apprendre sans réagir que le café bu le matin, au comptoir d'un débit de boisson, est une drogue dont les effets ont été observés par les scientifiques, tout comme le thé, le tabac, le cacao ou l'alcool ? Dans notre société, la consommation de ces substances est une pratique courante qui relève parfois d'un véritable art : un cigare de bonne origine peut ainsi clôturer agréablement un repas dont la qualité aura été améliorée par un ou plusieurs verres de vin de grand cru dans un restaurant qui aura aussi présenté une carte de très grands cafés à ses clients. L'usage de ces produits est ancré dans notre culture au point que des échelles de notation sanctionnent leur qualité ainsi que celle des établissements qui les proposent. Même si les vins, les cigares et le café, consommés de manière excessive, ont des effets enivrants et hypnotiques pour les uns, excitants pour les autres, il n'est point d'interdit pour ces substances. Leur consommation n'est pas illégale et elle ne suscite pas, dans la mesure où elle est raisonnable, de réprobation morale. Il n'en va pas de même pour toutes les drogues. Classées dans différentes catégories, certaines d'entre elles font en effet l'objet de politiques répressives, sociales ou sanitaires selon que leur usage est interdit ou strictement encadré par la loi.

## I Un interdit partiellement exprimé

Un interdit frappe la consommation de stupéfiants. Leur vente est purement et simplement prohibée et leur usage très strictement réglementé. Cet interdit est justifié par la lutte contre la toxicomanie, laquelle a été définie par un comité d'experts de l'organisation mondiale de la santé comme l'usage répété d'un produit entraînant :

1. le besoin de continuer à le consommer et de se le procurer par tout moyen
2. une tendance à augmenter les doses
3. une dépendance psychique et généralement physique à l'égard de ses effets
4. des effets nuisibles à l'individu et à la société

Ces éléments, qui sont autant de raisons justifiant l'interdit, expliquent dans le même temps les problèmes rencontrés par la chaîne pénale pour lutter contre l'usage et le trafic des toxiques prohibés.

Si l'interdit est à géométrie variable pour la consommation des stupéfiants, il est sans concession pour le trafic. Considérant que ce trafic génère une économie parallèle et souterraine, comment faire disparaître ce marché ? D'une part en agissant sur l'offre de drogues : la lutte acharnée contre les trafiquants de tout poil montre la détermination de l'État dans cette action soutenue par une opinion publique massivement favorable à la répression. D'autre part en agissant sur la demande des consommateurs en sanctionnant leurs pratiques.

Le législateur a opté pour cette politique radicale eu égard au fléau social que constitue la consommation de stupéfiants. L'usager vecteur de ce fléau n'est cependant pas un délinquant comme les autres. Lors de la discussion de la loi de 1970, les parlementaires s'accordaient pour le décrire comme un malade qu'il faut soigner plutôt que comme un criminel qu'il faut punir. Illustrant cette position largement partagée, un élu affirmait alors que « dans toute la mesure compatible avec le caractère pénal exceptionnellement grave des agissements relatifs au trafic de la drogue et à certaines modalités de son usage, chaque fois que cela [est] possible avec un minimum de chances de succès [*sic* !], il [vaut] mieux prévenir et guérir que punir les usagers ». Noble discours et intention louable dénués toutefois de réalisme et de pragmatisme.

## II Une loi répressive

Le législateur a proclamé une prohibition absolue et voté une loi d'exception. Il a institué des incriminations, des procédures et des sanctions pénales spécifiques en matière de stupéfiants. Quelques exemples permettent de mesurer la portée du régime dérogatoire mis en œuvre : la garde-à-vue est allongée et la visite de l'avocat différée, le tribunal correctionnel prononce des peines dont le quantum est celui appliqué en matière criminelle, la récidive n'est pas appréciée comme une circonstance aggravante mais emporte des peines aggravées… Les infractions, minutieusement définies, attestent d'une législation stricte en ce qui concerne la circulation et le transport des substances, la facilitation de leur consommation, la provocation à l'usage et la glorification de celui-ci. La loi, qui sanctionne ainsi de manière implacable un trouble majeur à l'ordre public, n'est pas sans rappeler les textes instituant des juridictions d'exception pour réprimer les faits de nature à mettre en danger la Nation, l'État ou la République. Les réformes pénales actuelles visant à améliorer la lutte contre la criminalité organisée s'inspirent d'ailleurs de ce dispositif original.

L'économie générale de la loi de 1970 est cependant adoucie par le volet sanitaire de ce texte. Le législateur a en effet prévu des mesures de prophylaxie destinées à prendre en charge médicalement les usagers. Le choix est notamment laissé au Parquet de prononcer une injonction de soins, traitement obligatoire extra pénal exclusif de toute poursuite. Cette alternative, constitutive d'une certaine forme d'immunité, n'est pas d'usage courant dans notre droit. Elle est révélatrice de la manière dont la loi de 1970, loi de protection de l'ordre public social radicalement prohibitionniste, implique dans l'éradication de l'usage de drogues nombre d'acteurs étrangers au monde judiciaire. Aux côtés des policiers et des juges, agents traditionnellement chargés de la répression des transgressions, les intervenants sociaux sont également sollicités sans que leur rôle ne soit précisément défini par les textes. Il en résulte des conflits sur le sens à donner à la lutte contre la toxicomanie qui expliquent pour partie les difficultés d'application de la loi de 1970.

## III L'application du droit

Le conflit le plus emblématique oppose les tenants d'une application stricte de la loi, y compris concernant les drogues dites « douces », et les tenants de la dépénalisation de l'usage. Dés le début des années 1980, certains soutiennent que les consommateurs ne doivent pas être condamnés à une peine mais faire exclusivement l'objet de soins médicaux. L'argument selon lequel l'usager est un malade dont il faut soigner la pathologie sans recourir à la sanction pénale va être poussé à son paroxysme jusqu'à ce qu'un constat plus nuancé s'impose dans le courant des années 1990 : les malades en question peuvent être aussi, et dans certains cas surtout, des délinquants. Dans le même temps, une partie du corps médical insiste sur la nécessité d'instituer une limite symbolique interdisant l'accès au produit. Cette position, qui obscurcit le débat opposant les partisans de la répression aux tenants d'une approche sociale et thérapeutique, n'est pas sans générer une confusion des rôles. On peut voir en effet des parquets et des tribunaux absoudre les consommateurs tandis que des médecins et des thérapeutes recommandent une répression, mesurée mais réelle, afin de marquer l'interdit qui matérialise la dangerosité des pratiques toxicomaniaques au regard de la santé publique.

Sur le terrain, l'usage est dépénalisé en fait et l'immunité du simple usager apparaît acquise sauf dans les cas de trafic portant sur la substance consommée. Cette dépénalisation par désuétude partielle de la loi pose le problème de la définition précise de l'usage simple tant au niveau des poursuites (l'unité nationale des parquets reste à faire) que devant les juridictions de jugement. Le problème est d'autant plus aigu que la frontière entre le trafiquant et le consommateur a vu son tracé devenir très imprécis avec l'apparition de notions nouvelles comme celle d'« usager-revendeur » ou de « possession pour usage personnel ».

En ce début de troisième millénaire, les modalités de la lutte contre la drogue se modifient. Compliquée par l'apparition de substances nouvelles et non répertoriées dans les textes, l'activité des acteurs de la répression s'étend désormais à la sanction des usages problématiques de produits légaux. Des drogues licites dont la consommation est permise, voire culturellement encouragée, se trouvent aujourd'hui stigmatisées et réprimées. Sont ainsi punis ceux qui par leur consommation excessive d'alcool exposent autrui à un risque mortel, ceux qui se rendent complices d'une telle consommation, notamment dans le cadre des débits de boisson, et ceux qui incitent les mineurs à l'ivresse. Parallèlement, la consommation de stupéfiants, y compris de « drogues douces », est sanctionnée plus sévèrement lorsqu'elle est associée à une activité ordinaire, comme la conduite automobile, pouvant générer un risque pour autrui. On constate là une convergence qui renforce le caractère illicite de l'usage de stupéfiants (y compris ceux tolérés comme le cannabis) et qui confère à la consommation d'alcool ce même caractère.

## IV Les enjeux pour le présent et pour l'avenir

Plus de trente ans après « Woodstock », le désir de la jeunesse de se distraire par tous les moyens ne se dément pas. La démesure chimique accompagnant la démesure socio-économique, la « teuf » pour se dérouler convenablement appelle, plus que jamais, la consommation de toutes sortes de produits psycho-actifs. Moteur puissant de la toxicomanie, cette association constante de la fête et des stupéfiants ne doit pas dissimuler l'évolution des modes de consommation de drogues dures. Si l'héroïne semble traverser une période de défaveur, la cocaïne attire de plus en plus de consommateurs. C'est aussi le cas des drogues de synthèse dont l'usage et le trafic se sont accrus de façon exponentielle. Le comportement des usagers de ces substances, fabriquées souvent de manière artisanale dans des laboratoires plus ou moins éloignés du lieu de leur consommation, est dangereux en ce qu'il aboutit souvent à l'exploration de mélanges de substances prohibées et de produits licites. En termes de santé publique, le cocktail est explosif. Il pourrait se révéler plus dangereux encore dans l'hypothèse d'une légalisation de l'usage de stupéfiant.

Pour les forces de police, l'enjeu essentiel de la consommation de drogues réside dans les trafics qu'elle génère. Ceux-ci occasionnent des troubles graves et durables à l'ordre public et portent atteinte à la conscience collective : le sentiment d'insécurité leur doit beaucoup. Au plus près des consommateurs, les réseaux de distribution au détail constituent le support d'une économie souterraine particulièrement développée dans les quartiers sensibles. Ces derniers constituent des sanctuaires où le commerce des produits peut s'organiser à l'abri de « murs » protégeant ce marché du regard policier. Un trafic bien structuré peut faire vivre des communautés entières. Pour protéger efficacement cette économie parallèle, vitale pour de nombreuses personnes, ceux qui en profitent collaborent avec ceux qui l'organisent. Cela aboutit à la structuration de groupes obéissant à des règles autonomes, distinctes voire opposées à celles en vigueur dans la société. À un échelon supérieur, les trafics sont organisés autour de réseaux mafieux qui alimentent des organisations criminelles ou subversives servant parfois à financer le terrorisme. Pour toutes ces raisons, le trafic de drogues, qu'elles soient « douces » ou « dures », constitue un danger majeur dépassant les questions de santé publique. On peut à cet égard redouter une éventuelle légalisation de l'usage de stupéfiants. Il n'est pas certain qu'une telle libéralisation de la demande provoque l'effondrement de l'offre et la disparition du trafic. On peut craindre, en revanche, qu'elle ne stimule un marché bien peu respectueux du droit des affaires et sur lequel les États n'auront peut-être jamais prise.

## V Conclusion

Quel avenir pour la loi de 1970 ? Il ne fait aucun doute que le débat ne peut se réduire aux arguments développés ici. Ne serait-ce que par l'absence d'un volet volontairement laissé de côté : la prévention. Celle-ci constitue un espoir non négligeable. Il faut parier sur l'instruction qui contribue puissamment à l'élévation de l'Homme et faire en sorte que l'éducation contribue à pacifier nos sociétés destructurées. Il faut également miser sur l'accroissement des connaissances. Nous disposons aujourd'hui d'un certain recul et il est désormais urgent d'évaluer de manière dépassionnée les politiques publiques de lutte contre la drogue. Mesurer les résultats de ces politiques, fixer des objectifs raisonnables et identifier les outils d'une action efficace nous paraissent être des obligations impérieuses eu égard à l'importance des enjeux. Et s'il faut changer la Loi… alors changeons-la !

# L'impossible prohibition du cannabis

Jean-Pierre GALLAND

De tous les pays de l'Union européenne, la France est souvent considérée (avec la Suède) comme celui où la législation régissant les stupéfiants est la plus sévère. À juste titre, si l'on s'en tient à la lettre de la loi ! Une loi qui punit le simple usage de cannabis d'une peine de prison ferme et d'une lourde amende, et qui promet aux cannabiculteurs une Cour d'assise spéciale, composée uniquement de magistrats, où ils risquent trente ans de réclusion criminelle. Une loi qui par ailleurs sanctionne la présentation sous un jour favorable, l'incitation et la provocation à l'usage du cannabis, même si elles ne sont pas suivies d'effet.

Ce que promet la loi, rassurez-vous, est rarement appliqué dans toute sa sévérité. Certes, tous les usagers, y compris les fumeurs occasionnels, sont des délinquants, et les consommateurs réguliers sont autant de criminels potentiels. Mais submergés d'affaires dérisoires, les juges déploient des trésors d'énergie pour ne pas appliquer cette législation. Au point que la fonction réelle de celle-ci semble moins juridique qu'idéologique. Elle affirme une détermination politique – quel qu'en soit le coût, l'État ne baissera pas les bras – et elle rappelle symboliquement le dogme : la consommation de stupéfiants, fût-elle raisonnable, est absolument interdite. Cela explique pourquoi, alors même que peu d'usagers simples de cannabis sont en prison, les militants du CIRC (Collectif d'information et de recherche cannabique) qui réclament la décriminalisation de cette consommation aient été plusieurs fois, au cours de ces dernières années, convoqués devant les tribunaux en raison de leurs convictions anti-prohibitionnistes.

Constitué en octobre 1991, le CIRC est une association ayant pour objet « la collecte et la diffusion, dans un but non lucratif, de toute information, notamment sociologique, scientifique, culturelle, historique, biologique, juridique ou économique, relative au cannabis ». Rassemblant des usagers qui revendiquent la liberté de s'adonner au plaisir de consommer du cannabis de bonne qualité à un prix modéré, le CIRC milite pour sa légalisation et vante, au nom de la réduction des risques, les mérites de l'auto-production.

Confronté au tabou de la prohibition, le CIRC a été obligé, pour faire entendre ses arguments, de recourir à des « coups » médiatiques : distribution de pétards lors de diverses manifestations, envoi à la presse de barrettes de Tcherno (petit nom donné au hachich coupé à la paraffine ou à la colle) informant de la nocivité des produits en circulation sur le marché, relance de « L'appel du 18 joint » initié en

1976 par *Libération*, organisation de deux Journées internationale d'information relatives aux multiples usages du chanvre. Ces actions n'ont pas pour objectif d'inciter à la consommation de cannabis, ce produit n'ayant guère besoin de publicité, mais plus simplement d'ouvrir le débat sur son interdiction. C'est à cette fin démocratique qu'en novembre 1997 a été envoyé à chaque député français un « p'tit pétard » de « beuh » made in France, accompagné d'un livre et d'un courrier expliquant le sens d'une bravade qui fit sourire toute la France[1].

Le CIRC recourt à la provocation, mais ceux que l'on présente trop souvent comme des clowns travaillent. Ils ont prouvé, en témoignant devant la commission Henrion, en participant au collectif « Limiter la casse », ou encore en intervenant à la « Huitième conférence internationale sur la réduction des risques liés aux drogues », que les usagers sont des experts au moins aussi qualifiés que les policiers, les juges ou les médecins. Le CIRC est devenu à partir de 1994 une référence en matière de documentation sur le cannabis. Les médias font appel à lui dès qu'ils veulent entendre une petite musique différente de celle jouée par le gouvernement, lequel prône l'abstinence et tient, par la bouche du célèbre professeur Nahas, des discours alarmistes sur les dangers du cannabis.

À taquiner ainsi le dogme prohibitionniste, les militants du CIRC n'ignorent pas les risques judiciaires qu'ils encourent. C'est précisément l'une de leurs intentions que de faire le procès de la loi de 1970 là où elle s'applique : devant les tribunaux ! Et de fait, entre 1995 et 1998, c'est surtout à l'intérieur des prétoires que le CIRC a eu l'occasion d'exposer ses arguments et de démontrer l'absurde dangerosité de la loi. Cela a valu à son président plusieurs condamnations, de la prison avec sursis et de fortes amendes. Quant aux autres responsables du CIRC, à Paris comme en province, ils ont été déférés une dizaine de fois devant les tribunaux. Mais qu'importe dès lors que l'action pédagogique des militants cannabiques porte ses fruits et apporte la preuve au plus grand nombre de l'inefficacité de la prohibition.

Porté par un fort vent médiatique et des courants politiques favorables, le CIRC et les autres associations vantant la réduction des risques ont cru un temps que la raison allait l'emporter. En 1999, la nomination de Nicole Maestracci à la tête de la Mission interministérielle de lutte contre la drogue et la toxicomanie (MILDT) marque une inflexion de la politique des drogues. Impulsé discrètement par Bernard Kouchner, alors ministre de la Santé, le discours diffusé à travers le livret *Savoir plus Risquer moins,* distribué à quatre millions d'exemplaires, est clair. Partant d'une évidence, « un monde sans drogues, ça n'existe pas », l'opuscule décrit ces dernières avec objectivité. Ce n'est pas à l'usage qu'il faut s'attaquer, dit en substance la Mission interministérielle, mais à l'abus. Le livret *Savoir plus Risquer moins* reconnaît par ailleurs la faible dangerosité du cannabis et ses vertus thérapeutiques tout en mettant en garde contre les « shits » coupés et les effets pervers du marché noir. L'éclaircie sera néanmoins de courte durée.

Le changement de majorité en mars 2002 consacre un retour à une fermeté irrationnelle. Didier Jayle, qui remplace Nicole Maestracci à la tête de la Mission inter-

---

1. CIRC, *Du cannabis et de quelques autres démons… Lettre ouverte aux législateurs et autres textes*, Paris, l'Esprit frappeur, 1999.

ministérielle de lutte contre la drogue et la toxicomanie, se prononce dès sa nomination contre toute dépénalisation de l'usage. Dans le même temps, le Sénat se penche sur « la politique de lutte contre les drogues illicites ». Le titre du rapport rendu le 4 juin 2003, « Drogue : l'autre cancer », révèle à lui seul le caractère idéologique et réactionnaire de la démarche. Le communiqué de presse publié à l'occasion de la sortie du rapport n'est pas moins clair : « Favorisée par une idéologie permissive qui a inspiré une politique molle et des discours complaisants », la drogue est « un cancer qui ronge notre société, privant d'avenir trop de nos enfants », nous préviennent les membres de la commission. Confondant à loisir tous les produits, osant écrire que « le plus souvent le hachich est fumé mélangé à du tabac, beaucoup plus rarement injecté par voie intraveineuse ou utilisé sous forme de comprimé », le rapport des sénateurs multiplie les approximations et les erreurs dans le dessein de présenter le cannabis sous un jour très défavorable. Mais si cette opération de désinformation nous ramène vingt ans en arrière sur le terrain politique, elle ne saurait induire en erreur une opinion publique mieux éclairée aujourd'hui qu'hier.

La perception des drogues à profondément évolué au cours de la dernière décennie. Dans le rapport « Drogues et dépendances 2002 » publié par l'Observatoire français des drogues et des toxicomanies (OFDT), on apprend qu'un tiers des Français estime que la consommation régulière de cannabis est sans danger... D'ailleurs, pour une majorité de Français, de toutes les drogues, le cannabis est considéré comme la moins nocive. Un tiers d'entre eux se prononcent d'ailleurs pour sa légalisation. L'échec de la criminalisation de l'usage de cannabis est, il est vrai, patent. Malgré la sévérité de la loi sur le papier et une répression policière intense (en 2001, 78000 usagers simples de cannabis ont été interpellés), la consommation, loin de diminuer, tend au contraire à augmenter. Plus de 60 % des garçons âgés de 19 ans ont expérimenté le cannabis en 2002, et parmi eux, plus d'un sur trois en fait un usage régulier. L'auto-production gagne par ailleurs du terrain comme l'atteste la multiplication aux quatre coins de la France de boutiques proposant tout le matériel nécessaire à la culture domestique du chanvre. Au sein de la société française, le cannabis est désormais un produit de consommation courante. Cette consommation, d'abord clandestine et timide, s'est peu à peu affirmée comme un phénomène de société pour devenir, au début des années 1990, un secret de Polichinelle : on fume au lycée, on fume dans les concerts, on fume au bureau. Le nombre de consommateurs réguliers dépasserait aujourd'hui le million. Quant aux consommateurs occasionnels, ils constitueraient près de dix pour cent de la population française.

De plus en plus consommé, le cannabis est également de mieux en mieux connu des scientifiques qui soulignent sa relative innocuité, l'absence de dépendance et d'accoutumance chez ses consommateurs et ses vertus thérapeutiques (notamment dans le traitement du glaucome et des effets secondaires des chimiothérapies anticancéreuses). De toutes les drogues, licites ou illicites, le chanvre indien est l'une des moins nocives pour la santé et il est difficile aujourd'hui de justifier son interdiction pour des raisons sanitaires. Les risques attachés à l'usage de ce produit sont d'abord le résultat d'une prohibition dont résulte une clandestinité nuisible tant à la qualité du cannabis qu'à la sécurité juridique des usagers. Cette conviction des militants du CIRC est étayée par les positions prises en faveur d'une dépénalisation de l'usage de drogues par le rapport Pelletier (1978), l'Association national des intervenants en toxicomanie (1992), le Comité consultatif national d'éthique (1993), la Commission Henrion (à propos du cannabis, 1995), et par le Conseil national du Sida (2001). La Fédération autonome des syndicats de police, le Syndicat de la magistrature et la Ligue des droits de l'Homme se sont également prononcés dans le même sens.

La prohibition du cannabis se meurt chaque jour un peu plus. Et pendant que professionnels et politiciens dissertent sur les vertus de la pénalisation de son usage, la jeunesse en fait une consommation assidue. Aujourd'hui, le cannabis fait partie du paysage quotidien et la loi qui l'interdit, de moins en moins comprise, est de moins en moins respectée. C'est pourquoi, malgré les procès en cours et ceux à venir, le CIRC continuera à dénoncer les travers de la prohibition. Une prohibition impossible à mettre en œuvre alors qu'un peu partout en France, sur les balcons et dans les champs, pousse le chanvre.

# La loi du 31 décembre 1970 et la réduction des risques liés à l'usage de drogues : une contradiction indépassable

Fabrice Olivet

L'action de l'association d'auto-support des usagers de drogues (ASUD) s'inscrit dans le cadre philosophique et sanitaire défini par la politique de réduction des risques liés à l'usage de drogues (*harm reduction policy*). Cette politique, qui tend à devenir celle de l'Union Européenne en matière de soins aux « toxicomanes », renonce à présenter l'abstinence comme unique remède aux risques encourus par les consommateurs de drogues. Elle prône, au contraire, l'offre de produits de substitution, voire de stupéfiants, dans un cadre médicalement contrôlé, la mise à disposition de matériel sanitaire de consommation (seringues stériles, pailles, cuillères) et la diffusion de conseils sur les techniques d'usage à moindre risque aux usagers de substances prohibées. Cette nouvelle manière d'aborder la question des drogues suppose de placer les consommateurs eux-mêmes au centre de la prévention en les créditant de la possibilité de sécuriser leurs pratiques. Après avoir été mise en doute par quelques éminents spécialistes de la « lutte contre la toxicomanie », l'efficacité de cette politique a été dramatiquement démontrée par l'application du « décret Barzach » de 1987, suite à l'épidémie de Sida parmi les usagers de drogues par voie intraveineuse. L'assouplissement de la réglementation sur la vente des seringues a permis de faire chuter la transmission du VIH chez les consommateurs à des niveaux comparables à ceux de nos voisins d'Europe du Nord, asséchant du même coup l'un des principaux vecteurs de la contamination chez les hétérosexuels.

Or il apparaît qu'une telle politique procède de postulats éthiques contradictoires avec ceux à l'origine de la loi du 31 décembre 1970. Pire, il nous semble que de toutes les raisons qu'il y aurait de modifier le cadre légal régissant la consommation de psychotropes en France, la principale, celle qui sous-tend toutes les autres, est cette contradiction éthique entre la pénalisation de l'usage de drogues et la santé publique, laquelle doit, pour se développer, s'appuyer sur la tolérance, la non-discrimination et la justice sociale. Toutes les initiatives développées dans le cadre de l'application d'une réelle politique de réduction des risques sont condamnées à contredire la lettre de la loi de 1970 et donc à être circonscrites à un cadre étroit d'exceptionalité nuisant à leur pleine efficacité. Ajoutons, pour être complet, que cette loi dont le volet répressif est censé dissuader la jeunesse française d'avoir recours aux stupéfiants est violée chaque jour par des millions de consommateurs et, plus grave, empêche ces derniers d'utiliser les outils qui leur permettraient de gérer au mieux leur utilisation d'un produit psychotrope.

## I La question morale

La Déclaration des Droits de l'Homme et du Citoyen du 26 août 1789 sert de préambule à la Constitution. Les libertés individuelles y sont clairement circonscrites, chaque individu ayant « le droit de faire tout ce qui ne nuit pas à autrui ». La loi de 1970, qui proscrit l'usage personnel et privé d'héroïne, de cannabis ou d'ecstasy, est en contradiction avec la lettre de cette Déclaration. Quant à l'article L. 3421-4 du Code de la santé publique, il permet de pénaliser le simple fait d'exprimer une opinion positive sur l'usage de drogues, assimilant ainsi l'individu assumant sa consommation de stupéfiants à un délinquant sexuel prosélyte ou à un thuriféraire de l'Holocauste.

Les travaux récents du professeur Roques établissent l'absence d'une dangerosité spécifique des substances illicites comparée à celle de l'alcool et du tabac, la prohibition des stupéfiants étant totalement injustifiée au regard des seuls critères scientifiques. Il faut donc chercher une autre explication à cette outrance répressive. Notre avis est que les fondements de la loi de 1970 sont surtout d'ordre moral. Comme dans le cas de l'homosexualité, réprimée légalement jusqu'en 1981, on a affaire à la stigmatisation institutionnelle des comportements d'une minorité par la majorité. Les usagers d'alcool et de cigarettes, majoritaires dans la société, ont imposé une norme en matière de consommation de psychotropes qui diabolise les produits minoritaires, au même titre que la majorité hétérosexuelle a regardé avec abomination pendant des siècles les pratiques de la minorité homosexuelle. Dans cette perspective, l'épidémie catastrophique de sida en Occident a désigné d'un doigt sinistre les points aveugles de notre morale sociale, ceux où l'élémentaire justice se heurte aux préjugés de la violence populaire : l'homosexualité et l'usage de drogues, autant de vecteurs de transmissions d'un virus fort mal disposé à l'égard des faibles.

## II La question sanitaire

En démontrant la nécessité vitale de desserrer le carcan répressif de la loi de 1970 pour combattre la diffusion du virus, la lutte contre le sida a ouvert la boite de Pandore. Toutes les initiatives prises depuis pour réduire les risques liés à l'usage de drogues sont des entorses plus ou moins avérées à la loi.

La prise de produits de substitution est un véritable parcours du combattant pour les usagers. La méthadone, classée au tableau des stupéfiants, fait l'objet d'une réglementation qui réduit considérablement ses potentialités thérapeutiques. Seules 7 000 personnes en bénéficient actuellement contre 60 000 traitées à la buprénorphine, une molécule de synthèse très controversée. La possibilité de distribuer de la morphine ou de l'héroïne dans un cadre de substitution, comme c'est le cas dans de nombreux pays, est également entravée par le cadre légal français. Ces inconvénients découlent tous de la contradiction initiale dans lequel nous maintient la loi de 1970. Contrairement à ce que laisse entendre le terme de « substitution à l'usage de drogues », l'État se voit contraint de fournir sous surveillance médicale de la drogue aux drogués en faisant croire à l'opinion publique qu'il s'agit d'un « médicament qui soigne le manque ». Cette supercherie est contre-performante à la fois du point de vue de la communication et du point de vue thérapeutique. L'opinion publique, majoritairement hostile à la consommation des produits illicites, n'est pas dupe, et l'expression « dealer en blouse blanche » a fait florès. Seuls les usagers de drogues sont parfois abusés par la rhétorique de circonstance qui oblige à parler de traitement là où il n'y a que facilité de consommation. Encore refusent-ils le plus souvent d'endosser une étiquette de malade qui ne correspond pas à l'idée qu'ils ont d'eux-mêmes.

Passons à l'information destinée aux usagers. Là aussi, on a affaire à un casse-tête juridique dès lors qu'il s'agit d'inviter l'usager à réduire les risques liés à sa consommation. En ce domaine, la crainte de présenter l'usage de drogues sous un jour favorable a longtemps neutralisé la bonne volonté de certains professionnels. Ce n'est qu'en 1992 que l'association AIDES présente une brochure contenant des conseils élémentaires de prévention sanitaire destinée aux injecteurs de drogues, initiative suivie par ASUD en 1995 avec le « manuel du shoot à risques réduits ». Par ailleurs, l'article L. 3421-4 du Code de la santé publique qui incrimine la « présentation sous un jour favorable » bloque toute information sérieuse sur les risques liés à la consommation de cannabis, une drogue, certes peu dangereuse, mais consommées par des millions de gens, principalement les jeunes. À ce jour, il n'existe toujours aucun fascicule sur les mille et une façons de consommer du cannabis en réduisant les risques.

## III La question sécuritaire

Y a-t-il un seul usager de drogues qui ait été dissuadé de consommer par la loi de 1970 ? Force est de constater que si tel est le cas, celui-ci présente un profil psychologique marginal. En effet, les usagers dans leur écrasante majorité ne sont pas arrêtés par une menace de sanction qu'ils intègrent au cortège des valeurs réactionnaires où les tabous sexuels côtoient les exhortations morales de tous ordres. Nous pensons que c'est une faute majeure de présenter la question de la prise de drogues comme un problème moral alors qu'il existe des risques objectifs liés à la consommation de psychotropes.

La connaissance des drogues et leur domestication exigent un apprentissage que ne permet pas la loi de 1970. La dissuasion par la seule menace renvoie l'adolescent curieux à son rapport intime avec la loi et l'autorité, ce qui dans la plupart des cas est dommageable et pour la loi et pour l'intimité. Peu à peu l'usager se retrouve enfermé dans un rôle de marginal qui bien souvent ne correspond pas à sa réalité. La proximité créée par la loi de 1970 entre le monde de l'usage de drogues et la criminalité suscite artificiellement des vocations de malfaiteurs qui se terminent la plupart du temps derrière les barreaux, premier cran d'un engrenage qui, trop souvent, entraîne l'amateur de paradis artificiel au-delà de toute possibilité de réinsertion. Condamné pour un acte qui n'est dommageable, ni pour la santé, ni pour la propriété d'autrui, l'usager de drogues est transformé par la répression en épave ou en fauve.

La loi de 1970 est aujourd'hui unanimement décriée par les spécialistes, les scientifiques et les consommateurs, lesquels constituent une minorité de plus en plus importante malgré la hausse constante du nombre d'arrestations et de saisies depuis trente ans. En s'inscrivant comme le cadre le plus répressif du vieux continent en matière de drogues, la loi de 1970 suscite la curiosité de nos voisins. Pourquoi donc les Français, par ailleurs prompts à donner aux autres des leçons de démocratie, restent-ils arqueboutés sur une législation rétrograde qui fleure bon le racisme anti-jeunes du gaullisme finissant ? Cet acharnement qui ne repose sur aucune base rationnelle, finit par intriguer. À la différence des États-Unis, dont nous sommes les Sancho Pansa, nous n'avons pas l'excuse du puritanisme et d'un passé de prohibition de l'alcool, bien au contraire. Et c'est sans doute là que se trouve l'explication. Notre secret de famille c'est notre consommation record de psychotropes légaux. La France absorbe par habitant bien plus d'alcool et d'anxiolytiques que les autres pays. Notre culture ancestrale du « pinard » nous conduit à réagir comme tous les drogués, par le refus des réalités et l'auto-dénigrement. Le miroir tendu par les « toxicomanes » nous est d'autant plus insupportable que nous y reconnaissons certains traits de la culture nationale. Finalement, comme le soulignait l'ancienne présidente de la MILDT (Mission interministérielle de lutte contre la drogue et la toxicomanie), Nicole Maestracci, la tolérance envers les usagers de drogues passe sans doute par la réduction des risques liés au tabac et à l'alcool, ce qui n'est pas le moindre des paradoxes.

# Organiser un droit pour reconnaître une liberté

Georges Apap

Au siècle dernier Antonin Artaud, dans ses imprécations contre le législateur, clamait que l'usager de drogue avait « le droit imprescriptible qu'on lui foute la paix ». Derrière la trivialité du propos, on retiendra l'exaspération d'un homme persécuté pour son choix de vie. Ce qui suit se veut un hommage au grand écrivain martyrisé pour avoir usé de produits qui soulageait ses maux, sans avoir jamais porté tort à quiconque.

La prohibition de consommer certaines substances a, depuis tant d'années, fini par pervertir à ce point nos consciences que presque plus personne ne s'étonne aujourd'hui de l'étrange prétention qu'ont certains d'interdire à leurs semblables l'absorption de produits qu'ils désignent du nom de « drogues » pour les mieux déconsidérer.

Pourtant, la déclaration des Droits de l'Homme définit la liberté comme « le pouvoir de faire tout ce qui ne nuit pas à autrui ». Mais plus que de liberté, il s'agit-là de morale, de règle fondamentale de vie, de principe supérieur à toute loi humaine, au sens où l'entendait Sophocle qui, quatre siècles avant notre ère, invoquait les « lois sacrées » par la voix d'Antigone.

De quelle légitimité transcendantale peut donc se prévaloir celui qui s'octroie l'arbitraire pouvoir d'édicter une prohibition inconstitutionnelle, violant ainsi un principe qui le dépasse ?

À cette illégitimité s'ajoutent l'inefficacité. La guerre à la drogue est depuis longtemps perdue. D'ailleurs il ne s'agit pas de la ridicule prétention de guerroyer contre des substances inertes, mais bien plutôt de se laisser aller à l'inclination perverse de persécuter ceux qui trouvent dans ces substances leur plaisir, leur réconfort, et quelquefois même leur raison de vivre. L'ambition affichée d'éradiquer le phénomène relève désormais de la naïveté. L'ampleur qu'il a prise le démontre. Il s'agit là d'une évolution des mœurs, d'un mouvement de civilisation induit par les conditions modernes d'existence, et qui prennent toujours un carractère inéluctable.

Il n'y a aucune commune mesure entre ce qu'était la consommation au moment du vote de la loi de 1970, et ce qu'elle est devenue aujourd'hui. L'adolescent qui n'a pas goûté au cannabis est un exemplaire rarissime dans notre jeunesse, les héroïnomanes se marginalisent toujours avec davantage de constance, et la classe des jeunes cadres dynamiques continue de soigner son surmenage à la cocaïne. Ceux qui, comme moi, demeurent en Languedoc, apprennent à intervalles de plus en plus rapprochés par leurs journaux que les saisies de substances interdites à la frontière espagnole, estimées il y a trente ans en centaines de grammes, s'évaluent aujourd'hui en dizaine de tonnes. Il n'y a pas de raison qu'il en soit autrement aux autres et innombrables points de passage vers le territoire national, si bien que lorsque douaniers et policiers avouent n'intercepter que cinq à dix pour cent des quantités revendues, point n'est besoin de conforter par des statistiques officielles le sentiment profond de chacun d'entre nous sur le sujet. Au bout du compte, cette marée montante des substances interdites fournit une immense réserve. Parmi les produits de consommation, ceux-là sont les plus facilement disponibles sur le marché, puisqu'on en trouve vingt-quatre heures sur vingt-quatre, à des endroits convenus, dans toutes les agglomérations du pays. Ainsi en est-il de la vertu secourable de la loi.

Si l'on porte un regard rétrospectif sur toutes les politiques réactionnaires par lesquelles on a tenté, dans un passé récent, de contrecarrer des modes de vie ou d'enrayer le progrès des consciences, on doit se rendre à cette évidence que les abolitionnistes ont toujours triomphé. Ce fut le cas de l'esclavage, de la question de l'alcool aux Etats-Unis dans les années 1920-1930, de l'avortement, de la peine de mort. Et, n'en déplaise aux tenants de l'ordre moral, chacun de ces triomphes a été un progrès pour l'humanité.

Mais les malédictions du système ne s'arrêtent pas à son illégitimité et à son inefficacité. La prohibition porte en elle de graves dangers. Un constat s'impose d'abord, qui relève de l'évidence : la prohibition fait la fortune des trafiquants. C'est pourquoi ils en sont les premiers défenseurs. Cette fortune leur confère une puissance qui leur donne les moyens d'organiser de mieux en mieux l'écoulement de leur marchandise et de décupler ainsi leurs gains, grâce auxquels s'accroît leur puissance, et ainsi de suite… On voit par là comment la prohibition censée éradiquer la consommation, assure au contraire son expansion bien mieux que ne le feraient les agents commerciaux les plus avisés. Par l'intermédiaire de tous les échelons de distribution qu'il a mis en place, le trafiquant tient à sa merci le consommateur. Celui-ci ne peut dénoncer des prix abusifs ou des produits frelatés sans encourir lui-même les rigueurs de la loi. Il n'est pas question d'expliquer ici l'économie de la drogue, mais on conviendra que c'est de la répression qu'elle tire sa vigueur et sa redoutable réussite.

Or, puisque grâce à la prohibition le fournisseur fixe seul la valeur de sa marchandise, il aligne ses prix sur les ressources des mieux pourvus de ses clients. Les autres devront trouver des expédients pour acquérir des produits maintenus artificiellement hors de prix. Les uns choisiront la délinquance violente et se livreront à des hold-up, des cambriolages ou des agressions diverses contre les personnes, compromettant ainsi la sécurité publique. D'autres préfèreront la prostitution, masculine ou féminine, précipitant la dégradation des mœurs et portant un coup terrible à la moralité publique. Tous seront livrés aux fantaisies du petit revendeur qui, pour accroître ses profits, n'hésitera pas à allonger ses doses avec les produits les plus dangereux, dont certains destinés à provoquer la dépendance, avec les conséquences que l'on devine sur la santé publique.

Telle est la loi prohibitionniste qui porte atteinte à nos libertés sous un prétexte d'ordre public, et qui compromet dans les faits la sécurité publique, la moralité publique et la santé publique. Dans le langage d'aujourd'hui, on la dirait « contre-productive », puisque ses effets sont exactement contraires aux objectifs annoncés. Mais les objectifs annoncés sont-ils les objectifs réels ? Quelques plaisants esprits vont jusqu'à avancer que nos productions agricoles subventionnées ruinent les paysans du tiers-monde et les obligent à se livrer à des cultures illicites, misérablement rémunérées, destinées à alimenter un trafic irriguant de capitaux suspects les économies d'États peu regardants. À les en croire, nos impôts serviraient donc aussi la prospérité du marché de la drogue. Je n'ai pas de ces questions une vision suffisamment vaste pour les suivre dans un raisonnement aussi étrange. Ma réflexion ne dépasse pas la dimension étroite que peut avoir de ces choses un praticien du droit. Livrer cette réflexion est la seule ambition de ces notes.

Se pose la question de savoir si les produits appelés drogues sont intrinsèquement dangereux. On ne déchoira pas en s'en référant sur ce point à l'opinion du grand Paracelse, médecin, chimiste et philosophe du XVIe siècle. Cet inventeur du laudanum, médicament opiacé, affirmait : « Ce qui fait le poison, c'est la dose. » Il ajoutait : « Tous ceux qui, en n'importe quoi, dépasse la mesure, ceux-là tombent dans le désespoir. » L'ancienneté d'une pensée la rend-t-elle caduque, désuète, spécieuse, ou au contraire vénérable, doctrinale, prophétique ? On ne contestera pas que celui qui absorbe quotidiennement d'énormes quantités de chocolat, aliment inoffensif, sera bientôt conduit à sa dernière demeure. En revanche, il peut arriver à chacun d'entre nous de participer, en privé, à des discussions sérieuses, parfois graves, où certains fument leur joint en continuant de raisonner avec une lucidité qu'on voudrait trouver chez les contempteurs du cannabis. Après Paracelse et avec beaucoup d'autres, je suis persuadé que ceux qui savent maîtriser leur consommation n'encourent aucun danger, et que la drogue en elle même n'este pas un poison mais un produit de consommation dont il faut savoir user raisonnablement, en adulte informé.

Pour dire les choses en une formule ramassée : les drogues ne sont pas interdites parce qu'elles sont dangereuses, elles sont dangereuses parce qu'elles sont interdites.

On a parlé de l'illégitimité de la loi, de son inefficacité et de sa dangerosité. Il faut dire aussi son implacable férocité et la cinglante application qu'en font policiers et juges. On donnera d'abord une idée de ses effets pervers en rappelant quel égarement avait conduit naguère Nancy Reagan, épouse du président des Etats-Unis, à promener devant toutes les télévisions du pays une fillette de treize ans pour la féliciter publiquement d'avoir dénoncé ses parents, fumeurs de cannabis, et les avoir ainsi envoyés en prison. Notre droit français n'est pas moins rude. L'article L 628 du Code de la santé publique[1] (dans sa numérotation ancienne, car le vieillard reclus que je suis ne se tient plus au courant des facéties de ceux qui refondent nos codes), ce texte donc prétend protéger le consommateur en l'envoyant en prison pour un an ! La prison comme thérapie ? Voilà qui est inattendu dans un code dit « de la santé publique ». C'est pourquoi, dans sa grande sagesse le législateur a prévu de donner au procureur de la République un pouvoir médical pour ordonner une cure de désintoxication plutôt que d'exercer la répression. C'est donc ce magistrat qui décide si celui qui comparaît devant lui présente un état de santé qui relève d'une

1. Désormais article L. 3421-1 du Code de la santé publique (note de l'éditeur).

cure. À l'inverse le médecin désigné pour surveiller le curiste devra signaler tout manquement du prétendu malade à ses obligations, ce qui aura pour effet de le livrer aux poursuites pénales, et fera du médecin un agent de la répression. Cette confusion des rôles, double inconséquence, perdure depuis des années dans une absurdité que personne ne dénonce.

Ce n'est pas tout. Les peines sont considérablement aggravées dès lors que le consommateur acquiert, détient, transporte ou cède des substances interdites. Elles s'appliquent donc indistinctement au revendeur endurci, comme au gamin qui a en poche trois grammes de haschich et qui en offre à ses copains.

À propos de sévérité de la loi, je ne cherche pas à imposer ma propre échelle de valeurs morales, car c'est évidemment aux juges de décider lequel, de l'assassin violeur d'enfant, ou du coupable d'infraction à la loi sur les stupéfiants, doit être le plus lourdement condamné. Mais je prétends que les sanctions ne peuvent tomber qu'au terme d'en quêtes menées, pour l'un comme pour l'autre, avec les mêmes garanties procédurales, le même souci de la protection des libertés, la même présomption d'innocence. Il se trouve pourtant que le premier est beaucoup plus favorablement traité, qu'il s'agisse du temps ou des conditions de la garde-à-vue, de l'assistance d'un avocat, et plus généralement de toutes les prévenances que dispense à ses pratiquants une procédure pénale. En matière de drogue, il faut le savoir, s'applique le droit d'exception mis au point pour la répression du terrorisme, un droit qui confine à l'arbitraire quant à la procédure, et à la férocité quant aux peines.

Pourquoi cette démesure ? C'est que depuis un siècle et demi, l'opinion est conditionnée par l'écrit, les discours des hommes politiques, la presse, les médias et même les intrigues fictives de nos films et romans policiers. Cette orchestration donne le ton d'une forme de délire collectif qui obère toute réflexion et qui dispense de se demander, par exemple, pourquoi l'alcool et le tabac sont, par la loi, traités autrement que les produits dits « stupéfiants », alors que cette dernière qualification ne repose sur aucun fondement scientifique mais relève de l'humeur (suggérée) de ceux qui font nos lois. Car il ne faut pas mésestimer, dans cette affaire, l'influence de groupes de pression les plus divers qu'il n'est pas possible de saisir dans l'exiguïté du présent survol de la question.

Comment sortir de ce phénomène devenu fléau, au terme d'un combat sans issue mené selon une obscure stratégie. D'abord en convenant une fois pour toutes que l'on n'éradiquera jamais les drogues, et que le bon sens commande de contrôler ce qu'on ne peut empêcher. Comme disait si bien Cocteau : « Puisque ce mystère nous échappe, feignons d'en être l'organisateur. »

Ensuite permettre le débat, c'est-à-dire abroger l'article L 630 du Code de la santé publique [2] qui punit de cinq années d'emprisonnement celui qui présente ces produits sous un jour favorable.

Telle n'était pourtant pas l'intention d'un magistrat français [3] qui, le 8 janvier 1987 a publiquement évoqué, en termes pourtant mesurés, l'inefficacité de la loi qu'on lui demandait d'appliquer. Traduit pour ce seul fait devant une commission

2. Désormais article L. 3421-4 du Code de la santé publique (note de l'éditeur).
3. Il s'agissait en l'espèce de l'auteur de ces lignes (note de l'éditeur).

de discipline, il ne fut disculpé qu'au nom du principe de la liberté de parole du magistrat du parquet.

C'est encore la mésaventure de cet honnête commerçant montpelliérain qui, en 2002, avait affiché ostensiblement au fond de sa boutique : « En France, il est interdit de dire que le chichon c'est bon. » Il s'est trouvé un policier subtil pour relever la prétendue infraction, et un procureur pour user du texte visé ci-dessus et expédier cet homme en correctionnelle. Les juges ont du bon sens : ils l'ont relaxé.

Mais les choses ne tournent pas toujours aussi bien, et ce ne sont là que des cas particuliers et anecdotiques. Car la législation est érigée en dogme. Comme telle, elle est irréfragable. Toute discussion sérieuse est interdite. La peur règne de laisser remettre en cause un système dont l'incohérence serait révélée par une confrontation avec une contestation pertinente, appuyée sur la simple raison.

Enfin, il faut abolir la prohibition par paliers successifs sans précipitation, mais avec détermination. Sans aller chercher bien loin, certaines solutions nous sont proposées dans le cadre national. Le pays ne manque pas de gens raisonnables, dont l'expérience ou la réflexion peuvent conduire progressivement à faire tomber, sans dommage pour personne, les barrières de l'interdiction.

Dans un premier temps, la pratique de la réduction des risques, prônée par la sociologue Anne Coppel, doit être mieux soutenue et élevée au rang de politique globale de prévention par l'éducation, l'information et la persuasion. Dans un second temps, la loi doit être changée. Il serait temps d'adopter le système de légalisation contrôlée, proposé depuis de nombreuses années par le professeur Francis Caballero. Ce système prévoit la distribution des produits stupéfiants sous le contrôle de l'État. Il est assorti d'une réglementation de la consommation comportant les restrictions pour l'instant nécessaires, car il est inutile de heurter de front l'opinion.

Mais un tel système ne pourrait être que provisoire. Il s'agirait d'organiser le droit de l'usager. Les restrictions et les limites posées par la loi ne sauraient donc être que transitoires. La perspective à long terme étant celle d'un traitement identique réservé à tous les produits de consommation, c'est-à-dire la liberté avec pour seules limites, celles imposées par le tort que l'on peut causer à autrui. En bref, il s'agit d'abord d'organiser un droit, pour un jour, enfin, reconnaître une liberté.

Lorsque la loi n'est plus respectée, lorsqu'il est démontré qu'elle complique un problème de société, lorsque, pour tout dire, elle est dangereuse, alors il appartient au citoyen d'oser parler de son abolition.

Troisième partie

# LIMITES PRATIQUES ET THÉORIQUES DE L'INTERDIT LÉGAL

# Le régime prohibitionniste et ses limites face aux transformations des pratiques sociales des drogues

Michel Kokoreff

Dans la plupart des sociétés démocratiques avancées, l'action publique en matière de drogues illicites a pour socle législatif le régime prohibitionniste. En dépit d'ajustements plus ou moins importants, les politiques publiques mises en œuvre restent pour une large part tributaires de ce régime, ne serait-ce que par les conventions internationales ratifiées auprès des Nations Unies et les priorités affichées par les gouvernements.

Cela étant, il convient de nuancer ce constat par deux remarques. Premièrement, au moins si on se restreint aux sociétés européennes, les politiques publiques sont composées de trois volets : répressif, sanitaire et social; bien que le premier volet soit prédominant, leurs relations prennent des formes variables selon les contextes socio-politiques. C'est ce qui ressort de la comparaison des politiques menées en Grande-Bretagne, en Hollande ou en Suisse avec celles engagées en France ou en Belgique, par exemple. Mais il convient d'ajouter que les relations entre ces trois volets sont tributaires des configurations locales dans lesquelles elles s'inscrivent. Il n'y a, bien souvent, *de politiques pénales que locales*. En outre, aucun des trois volets ne peut être considéré comme une unité homogène : il existe une diversité de significations du répressif, du sanitaire et du social; diversité qui implique une confrontation des acteurs sur le terrain se traduisant en oppositions, synergies ou complémentarités. Sans perdre de vue les lignes de force du régime prohibitionniste, il s'agit donc de complexifier l'analyse.

Deuxièmement, il convient d'interroger les dynamiques des politiques en relation avec les transformations sociales, économiques et culturelles. Comment s'opèrent les innovations et les remaniements des politiques publiques? Peut-on en évaluer les effets? Conduisent-ils à des modifications d'ensemble ou à des aménagements partiels? Dans la plupart des pays européens, et en France en particulier, un déplacement significatif s'est traduit dans la définition des drogues. En effet, dès lors que l'on échappe à la définition restrictive de « la » drogue comme « fléau social » pour prendre en compte les usages de produits, qu'ils soient licites (tabac, alcool, médicaments psychotropes...) ou illicites (cannabis, héroïne, MDMA...), on est amené à une connaissance des logiques sociales des consommations s'appuyant sur une *hiérarchisation des risques réels*. L'objectif devient alors d'articuler les préoccupations d'ordre public avec celles de santé publique.

À partir de là, je voudrais distinguer schématiquement trois phases en vue de caractériser les ambiguïtés du modèle français de régulation des drogues illicites, les inflexions survenues au cours des années quatre vingt-dix, et la situation dans laquelle nous nous trouvons aujourd'hui avec le retour en force de politiques sécuritaires. Puis, prenant acte des transformations du paysage des consommations de substances psychoactives, j'aborderai quelques unes des dimensions de l'action qui sont susceptibles d'être déduites des recherches réalisées en sciences sociales.

## I Les ambiguités du modèle de régulation français des drogues

Au cours des années quatre vingt-dix, on est passé d'un déficit de savoirs à une abondance de recherches sur la question des drogues par-delà les spécificités disciplinaires (neurobiologie, pharmacologie, clinique, épidémiologie, histoire, sociologie, etc.). Pour leur part, les recherches en sciences sociales ont contribué à renouveler la connaissance autour de trois pôles en tension : les usages, les marchés et les politiques publiques [1]. Elles ont notamment permis de comprendre comment s'est constitué *l'idéal normatif d'une société sans drogue* aujourd'hui largement remis en cause, au niveau tant des discours que des pratiques. Il n'en demeure pas moins, en dépit de cette transformation, des crispations politiques importantes, voire une tentative de retour en arrière.

### A – Soigner ou punir ?

Mais rappelons tout d'abord ce qui constitue le socle législatif à partir duquel est définie la politique de lutte contre la drogue et la toxicomanie en France, à savoir la loi du 31 décembre 1970. On le sait, cette loi est le résultat d'un compromis à la fois *normatif* (De Munck, 1996) et proprement *politique* (Bernat de Célis, 1996) entre plusieurs mondes de référence (judiciaire, médical, social). Elle consiste à articuler deux conceptions du consommateur de produits stupéfiants (en réalité les héroïnomanes), à la fois comme délinquant et comme malade. Elle offre la possibilité de se soigner [2], même si c'est après-coup que les structures spécialisées ont progressivement émergé avec l'institutionnalisation du champ de la toxicomanie (Bergeron, 1999). Il n'en demeure pas moins que la loi de 1970 est marquée par la *prédominance du pénal sur le sanitaire* [3]. Alain Ehrenberg (1995) a parfaitement montré quel type de culture politique sous-tendait cette loi : « Le drogué était celui

1. Cf. notamment les travaux de synthèse réalisés dans le cadre du GDR « Psychotropes, politique et société » du CNRS : Ehrenberg, 1996 et 1998 ; Faugeron, 1999 ; Faugeron et Kokoreff, 1999a, 1999b, 2002.

2. « Toute personne usant de façon illicite de substances ou plantes classées comme stupéfiants, est placée sous la surveillance de l'autorité sanitaire », précise l'article premier, qui sera confirmé par une circulaire de la Direction générale de la santé du 28 septembre 1971. Le dispositif sanitaire reposera sur un triple principe d'anonymat, de gratuité et de volontariat.

3. Les travaux sur l'injonction thérapeutique et les obligations de soins ont souligné les difficultés et limites de leur mise en œuvre, y compris après la circulaire Justice-Santé de 1987. Cf. Setbon, 1998, Simmat-Durand, 1998.

auquel il fallait rappeler qu'il doit respecter la loi avant de l'empêcher de s'autodétruire. » Si cette loi symbolise le rôle de l'État instituteur du social et la prégnance d'une culture pénale, elle traduit aussi les ambiguïtés d'un modèle qui crée en permanence une tension-confusion entre un problème d'ordre public et/ou un problème d'ordre psychopathologique que traduit les références équivoques à la « loi » (pénale ou/et symbolique).

Impossible à réellement mettre en œuvre dans ses principes, cette loi a donné lieu à une multiplicité d'aménagements législatifs, de dispositions réglementaires (Simmat-Durand, 2000) et d'accommodements à l'échelle locale (Duprez, Kokoreff, 2000). D'emblée, les critiques n'ont pas manqué, soulignant les contradictions de la loi, l'écart entre cette dernière et les diverses logiques institutionnelles, la variété des politiques pénales selon les spécificités locales (Pérez-Diaz, 1986 ; Kokoreff, 2001). Ce sont aussi les effets pervers de la prohibition qui ont été soulignés : la délinquance qu'elle induit, les risques liés à la circulation de produits coupés (première cause des overdoses), la non prise en charge par les structures spécialisées des populations socialement marginalisées, le silence quant à l'existence des liens entre risques infectieux (sida, hépatites, etc.) et expérience de la toxicomanie, les obstacles à la mise en place d'une véritable politique de réduction des risques sanitaires et sociaux. Inefficace, dangereux et simpliste, le régime prohibitionniste a aussi amplifié les désastres individuels et collectifs liés à la stigmatisation sociale des « toxicomanes ».

Les années 1980 vont être marquées par un processus circulaire : l'adoption de normes plus coercitives[4], la croissance de la consommation et la mobilisation des forces de l'ordre se traduisent par une augmentation des interpellations et des condamnations pour infraction à la législation sur les stupéfiants.

### B – *À la recherche d'une troisième voie ?*

Depuis le milieu des années 1990, la politique des drogues en France a connu une inflexion remarquable (Faugeron, Kokoreff, 2002). Ce virage a été préparé par la visibilité accrue des problèmes de santé publique liés à l'usage de drogues illicites, par la prise de conscience de l'impossibilité d'éradiquer les toxicomanies, ainsi que par la pression des pays environnants, la France ne pouvant plus faire cavalier seul (Cesoni, 2000).

En matière de santé publique, le virage a été amorcé par la suspension du décret de 1972 rendant obligatoire la production d'une pièce d'identité pour l'achat d'une seringue en pharmacie. Les programmes d'échanges de seringues, de vente de stéribox, se développent au début de la décennie 1990, dans un contexte marqué par l'« effet sida ». Le milieu de la décennie est marqué d'une pierre blanche par le rapport Henrion. S'il ne se prononce pas sur la question d'une dépénalisation des usages, il recommande le développement rapide d'une politique de réduction des risques. Il est appuyé par les autorités morales : le Comité national consultatif

4. Voir, par exemple, la construction de la catégorie d'« usager-revendeur » qui conduit à modifier la loi par les circulaires de 1984 et 1986 et à traiter les petits revendeurs comme des trafiquants d'envergure.

d'éthique en 1994, la Commission sociale de l'Épiscopat en 1997, la Ligue des droits de l'Homme en 1996. Largement commentés par les médias, ces prises de position suscitent un débat public sur une question longtemps taboue. À l'autre extrémité du champ, le rôle des associations (Médecins du monde, Limiter la casse !, Asud, etc.[5]), mais aussi des acteurs locaux, est décisif – on y reviendra. Distribués par les médecins généralistes et avec peu de contraintes administratives, les traitements de substitution au Subutex® connaissent un développement rapide, voire brutal (Lert, 1998), alors que la distribution de méthadone, qui ne peut être initiée que dans un centre spécialisé, reste relativement plus marginale.

Cette inflexion va se traduire également par un changement d'état d'esprit de plusieurs catégories d'acteurs. Les intervenants spécialisés ne sont plus hostiles à la substitution, comme ils l'avaient longtemps été (Bergeron 1999). Beaucoup demandent la révision, si ce n'est la suppression de la loi de 1970. De leur côté, les magistrats hésitent de plus en plus à mettre des usagers simples en prison. Si le ministère de l'intérieur refuse toute révision de la loi, certains policiers renoncent à dresser procès-verbal pour usage simple et à transmettre au parquet. Celui-ci se sert de plus en plus largement de la voie de dérivation de l'injonction thérapeutique. Bien que les interpellations pour usage de stupéfiants soient à la hausse, le nombre des condamnations pour usage seul reste stable. Surtout, le nombre de personnes incarcérées pour usage simple baisse de façon significative, passant de 1 213 en 1993 à 471 en 1999 (OCRTIS, 2000).

Mais cette description fait l'impasse sur les raisons plus profondes qui ont amené à certains réaménagements de la politique antidrogues française. Probablement peut-on la décrire par un mouvement qui va de la périphérie vers le centre. La tradition jacobine française, les pratiques d'évaluation initiées par l'administration (qui s'intéresse aux effets plutôt qu'aux processus) et la focalisation sur des questions d'ordre public, empêchent de voir de tels mouvements. Il ne s'agit pas ici d'opposer local à central, mais plutôt de constater comment des problèmes bien concrets qui peuvent se traduire au niveau de la vie quotidienne – la présence de seringues dans des lieux publics, le désagrément de voir des mendiants ou des *dealers*, la crainte d'une propagation du sida auprès de populations qui n'en courent pas le risque *a priori*, la difficulté de prendre en charge dans les dispositifs locaux des populations très démunies – peuvent mobiliser les acteurs locaux et conduire à une gamme de solutions très différentes (Joubert, 1999). « C'est précisément dans l'observation fine des scènes locales que l'on peut constater combien l'action de certains professionnels, de certaines associations, de certains élus représente un véritable *travail d'invention* de la santé publique », souligne Didier Fassin (1998, 16). Certes, il s'agit au départ de bricolages. Mais c'est à partir d'eux que peuvent se créer des doctrines et s'opérer des transferts de compétences. Ce mouvement est aussi aidé par le fait que le personnel politique est souvent lié à la vie municipale et aux collectivités locales. C'est à partir de cet ancrage que les transferts vers le niveau national vont pouvoir s'opérer.

La fin des années 1990 a aussi permis d'améliorer les connaissances sur les usages et usagers de produits illicites. Jusque-là, les savoirs ne provenaient que de rares

5. Pour un historique, cf. le dernier ouvrage de Coppel A. (2002).

enquêtes épidémiologiques sur des classes d'âge restreintes et/ou des populations ciblées, comme les lycéens. Ils prenaient appui sur des travaux difficilement généralisables. En outre, les données statistiques fiables, distinctes de celles produites par l'administration, et les enquêtes en population générale, faisaient défaut. C'est précisément le déficit de ce type de données qui est à l'origine de la création de l'Observatoire français des drogues et des toxicomanies (OFDT). Depuis, des enquêtes en population générale ont été menées, avec des méthodes plus robustes. Des recherches permettent aussi de mieux appréhender les évolutions de l'opinion publique (Beck *et al.*, 1999, 2000).

Le plan triennal de lutte contre la drogue et pour la prévention des dépendances de la MILDT, en 1999, s'inscrit dans ce mouvement de fond et utilise l'argument de santé publique. Il a le mérite de reconnaître qu'il ne peut y avoir une société sans drogue, de clarifier certaines notions et d'affirmer que la prévention et la prise en charge des dépendances ne concernent pas que les seules drogues illicites. Il souligne que le dispositif existant est trop tourné vers les usagers d'héroïne et ne prend pas en charge les problèmes liés aux consommations problématiques des autres produits, qu'ils soient licites ou illicites. Il affiche aussi clairement la difficulté de concilier répression et soins, ainsi que l'échec de la mobilisation des dispositifs sanitaires par l'autorité judiciaire. La différenciation entre usage, abus, et dépendance, si elle reprend la distinction établie par l'OMS, engage un triple déplacement : déplacer le regard des produits aux conduites ou pratiques ; focaliser la politique gouvernementale sur la prévention de ces usages à problèmes et des risques qui leurs sont liés ; favoriser les rapprochements entre les dispositifs de soins spécialisés destinés aux toxicomanes et aux alcooliques.

## *C – De la crispation des positions à la répression accrue des usages*

Si le discours change au cours de cette période, il serait « naïf » d'en déduire un changement « mécanique » des pratiques institutionnelles. Ce serait occulter un certain nombre de logiques lourdes, à commencer par l'immobilisme du principal acteur politique, c'est-à-dire l'État. Ainsi, les demandes récurrentes de modification de la législation pour une dépénalisation de l'usage de cannabis trouvent peu d'écho parmi la classe politique. Si la circulaire relative aux réponses judiciaires aux toxicomanies du 22 juillet 1999 recommande de mieux utiliser le dispositif existant (enquêtes sociales rapides, rappel à la loi, classement avec orientation vers une structure sanitaire, sociale ou professionnelle, contrôle judiciaire, travail d'intérêt général), ces mesures ne font pas l'objet d'un usage massif. En France, mais aussi en Belgique et en Allemagne, les logiques de fonctionnement du système pénal changent peu. Enfin, la répression de l'usage reste forte. Le volet policier de l'interpellation pour usage de cannabis s'est beaucoup développé dans l'hexagone (de 24 588 en 1993 à 73 661 en 2000). Les interpellations pour usage d'héroïne diminuent depuis 1995 (de 13 299 à 4 831 en 2000), alors que celles pour usage de cocaïne et de crack, bien que très minoritaires ont presque doublé (997 en 1995, 1 651 en 2000). Bref, la police est devenue une *police du cannabis*.

On peut faire l'hypothèse que ces tendances traduisent une stratégie policière consistant à anticiper une répression moins forte des usagers d'héroïne liée à l'extension des produits de substitution. L'obligation de résultats se serait alors reportée sur les usagers de cannabis, par ailleurs non poursuivis par le parquet pour une large part. Or, on aurait pu s'attendre à ce que les services de police redéploient leur action contre les trafics – notamment d'envergure – plutôt qu'à l'interpellation d'usagers de cannabis. Si, sur le terrain, certains policiers sont amenés à renoncer à l'action répressive concernant l'usage, par conviction ou parce que les services sont débordés, le discours officiel reste inflexible : la police applique la loi, et l'évolution des interpellations est justifiée par l'augmentation de la consommation chez les jeunes et les désordres urbains. Il s'agit bien d'un mode de légitimation de l'action des services de police, comme l'a montré Setbon (1995). Car en réalité, le lien entre délinquance et toxicomanie n'a rien de « mécanique » et s'avère bien plus complexe qu'il n'y paraît (Barré, 1996 et 2001).

En résumé, si le discours officiel est devenu moins manichéen (ou moralisateur), l'approche plus pragmatique, les logiques lourdes (celle du droit pénal, mais aussi celle de la police) l'emportent sur des logiques plus incertaines (celles de la réduction des risques et de la prévention).

### *D – À demande de sécurité, politique d'ordre...*

Sommes-nous sortis de cette période paradoxale, où cohabitaient réduction des risques et répression de l'usage, pour entrer dans une nouvelle phase marquée par un retour en force de la tentation autoritaire ? Ou bien, la place occupée par le volet répressif traduit-elle un invariant de la politique des drogues, qui est d'abord régie par une logique d'ordre public ?

Si nous manquons de recul pour comprendre le présent le plus immédiat, on observe néanmoins une tendance qui s'est développée partout en Europe, bien souvent sous des gouvernements socio-démocrates (en France, en Belgique, en Angleterre, au Pays de Galles, en Allemagne), avec le développement de politiques *néo-sécuritaires*. Ces politiques peuvent se comprendre comme le produit de trois processus. Tout d'abord, la mise en crise des politiques de prévention et de sécurité apparues en Angleterre et en France au début des années 1980, qui n'ont pu endiguer ni la montée de la petite et moyenne délinquance ni le sentiment d'insécurité. Ensuite, la réorganisation des services de police, qui s'est accompagnée du développement du rôle central de cette dernière dans les politiques de sécurité mises en œuvre pour faire face aux problèmes d'éducation, de logement, d'emploi, d'immigration, etc. Enfin, la définition de populations-cibles (usagers de drogues, chômeurs, jeunes issus de l'immigration ou assimilés comme telle) ou de « zones à risques » (zones urbaines sensibles, quartiers en difficultés) particulièrement visées par les actions de sécurisation des espaces publics et semi-publics[6].

---

6. Cf. le numéro spécial de *Déviance et Société*, « Les politiques de sécurité et de prévention en Europe », vol. 25, 2001-4.

Dans ce contexte, deux thèmes ont principalement occupé le devant de la scène médiatique en matière de drogues : les trafics illégaux et l'usage de cannabis. On a assisté à une focalisation de l'attention collective sur les trafics illégaux dans les banlieues populaires autorisant tous les amalgames. Les « quartiers » seraient en proie à une « guerre civile larvée » appelant une reconquête de ces « zones de non droit[7] ». Cette campagne a été menée parallèlement au renforcement des moyens (financiers, humains, juridiques) de la police. La mise en place des Groupes d'intervention régionaux (GIR) a symbolisé cette surenchère, avec un rendement plus médiatique que réellement convaincant en termes de résultats. Mais c'est plus largement une intense activité juridique et législative censée répondre à la « demande de sécurité » qui a conduit à un durcissement de l'arsenal répressif. Dans les dispositifs Sarkozy et Perben, la lutte contre l'économie souterraine joue un rôle central. C'est le cas de la loi sur les « nouvelles formes de criminalité organisée », qui vise à étendre les dispositions d'exceptions en matière de stupéfiants, renforcées par le nouveau Code pénal de 1994, à toute une série de délits. Parler d'une *criminalisation* des milieux populaires n'est pas un vain mot dès lors que l'accent mis sur les trafics de cité au nom de la lutte contre la mafia semble dispenser d'une volonté de s'attaquer, en amont, aux filières internationales, et en aval, aux difficultés familiales, scolaires et professionnelles constitutives à bien des égards des carrières dans le trafic.

Quant à la question du cannabis, elle a donné lieu à une ritournelle alarmiste bien rodée, celle de la dangerosité. Mais il y a plus. De la proposition de loi sanctionnant les conducteurs « sous l'emprise de cannabis » de deux ans de prison au vœu de substituer l'emprisonnement toute une palette de sanctions permettant des poursuites systématiques, sans oublier la polémique autour du vocable de « drogues douces », il s'est agi de prôner une répression accrue des drogués et de rétablir l'abstinence comme norme. Sur la forme comme sur le fond, le dernier rapport du Sénat sur le sujet[8] est sans ambiguïté : il nous ramène à l'époque de « l'épidémie » tout en cédant à l'air du temps en proposant des « centres fermés de traitement de la toxicomanie ». En apparence, il s'agit de prendre acte du caractère inapplicable de la loi 1970 pour l'adapter. En réalité, sous la décriminalisation de l'usage simple, il s'agit de punir « réellement et rapidement tant les mineurs qui consomment régulièrement du cannabis ou de l'ecstasy que les usagers d'héroïne qui refusent les soins et la substitution[9] ». Or le silence sur la prévention, le manque de moyens, l'absence de mesures d'accompagnement social, tout cela a de quoi laisser perplexe sur l'efficacité d'une politique qui se cherche encore.

## II Du sens de la loi à la légitimité sociale des drogues

Deux aspects rendent bien incertaine cette nouvelle croisade antidrogues : d'une part, les tendances en matière de consommation de produits psychotropes souli-

7. Sur le mythe et la construction de cette figure des zones de non droit, cf. KOKOREFF (2003).
8. OLIN N. et PLASAIT B. (dir.), *Drogue, l'autre cancer. Rapport de la commission d'enquête sur la politique nationale de lutte contre les drogues illicites*, 2 vol., Paris, Les rapports du Sénat, 2003.
9. Le projet du gouvernement de supprimer la peine d'emprisonnement pour usage de cannabis n'a finalement pas eu de suite.

gnent les limites du scénario de l'éradication ; d'autre part, les transformations sociologiques qui les sous-tendent leur confèrent – quoi qu'on en pense – une légitimité sociale.

### *A – Des consommations différenciées selon l'âge et le sexe*

La mise en place d'un dispositif pérenne d'observation a permis de mettre à jour les tendances en matière de consommation de produits psychotropes. Sans y revenir en détail, rappelons ce que toutes les enquêtes montrent avec force, à savoir une évolution à la hausse des usages et leur variation selon l'âge et le sexe. Ainsi, à 17 ans, 50,1 % des garçons interrogés et 40,9 % des filles ont au moins consommé une fois dans leur vie du cannabis, cette proportion atteignant 60,3 % des garçons à l'âge de 19 ans (Choquet, Ledoux, 1999). De l'enquête sur la santé et les consommations lors de l'appel de préparation à la Défense (ESCAPAD), il ressort une double évolution parmi les garçons selon les types d'usages retenus (Beck *et al.*, 2003) : le niveau des expérimentateurs a plus que doublé en dix ans (54,6 % en 2002 contre 24,7 en 1993), alors que la proportion des usagers réguliers (au moins 10 fois dans l'année) a triplé dans la même période (28 % contre 9,7 %).

Les garçons sont deux fois plus nombreux (23,8 %) que les filles (12,6 %) à faire un usage répété de cannabis. Si la consommation régulière de cannabis est plutôt masculine, à l'inverse, l'usage de médicaments psychotropes semble davantage une consommation féminine. En 2002, près d'une fille sur trois interrogée avait consommé ces produits (contre un garçon sur dix), et c'était le cas de plus d'une sur dix au cours des trente derniers jours (contre moins de la moitié pour les garçons). Si l'expérimentation du tabac et de l'alcool atteint des niveaux comparables pour l'un et l'autre sexe, et augmente avec l'âge, l'expérience de l'ivresse reste en revanche différenciée selon l'âge et le sexe : en 2000, un garçon sur quatre et une fille sur cinq âgés de 14 ans ont déjà été ivres, c'est le cas de plus de deux garçons sur trois et d'une fille sur deux à l'âge de 17 ans.

Comment expliquer cette différenciation des usages selon les sexes ? *Quid* des contextes d'usage et de leurs spécificités selon les milieux sociaux[10] ? La consommation de cannabis est-elle amenée à progresser encore, ou bien parviendra-t-elle à un plateau, comme on l'observe dans d'autres pays européens ? Bien des questions restent sans réponse et qu'il faudrait traiter. Par ailleurs, on ne peut pas ne pas souligner le contraste existant entre la stigmatisation des usagers de cannabis et la relative bienveillance dont bénéficie la culture de l'ivresse en France. Il est pourtant admis aujourd'hui que la mortalité liée à l'alcool (40 000) est autrement plus inquiétante (sans parler du tabac) ; que la consommation excessive d'alcool est à l'origine de 10 % de l'ensemble des décès ; ou encore que 30 % des responsables présumés d'accidents mortels de la circulation ont un taux d'alcoolémie supérieur à ce qui est autorisé.

Nous sommes encore largement tributaires des représentations associant drogues et jeunesse. Ainsi les drogues seraient d'autant plus répandues parmi les 18-25 ans qu'elles s'inscriraient dans les modes de sociabilité et les cultures juvéniles dont

10. Sur les usages sociaux des substances, cf. l'ouvrage récent dirigé par BECKER H. (2001).

elles sont un des supports avec les musiques populaires (rock, rap, techno, etc.). Pour autant, des études qualitatives nous apprennent que le cannabis, la cocaïne ou l'ecstasy, sont aussi consommés par des populations plus âgées et bien intégrées socialement[11]. Difficiles à estimer en nombre, peu visibles des institutions répressives et socio-sanitaires, ces populations se caractérisent par des usages qui s'inscrivent moins dans la recherche de « défonce » que dans celle de confort ou de soins[12]. Dès lors qu'elles deviennent un phénomène de masse, on peut se demander si ces consommations ne prennent pas sens par rapport aux nouvelles contraintes sociales promues par nos sociétés. Qu'il s'agisse de « décompresser » ou de « faire la fête », d'atténuer le « stress » ou les angoisses, comment ne pas voir le lien avec la prolifération des messages incitant l'individu à la responsabilité et à la prise de risques ? L'extension de la notion de dopage hors du sport est à cet égard un bon révélateur : il peut se comprendre comme le signe de la confusion entre « se soigner » et « se droguer » (Ehrenberg, 1998 et 2003). Dans ce sens, les usages de produits modificateurs des états de conscience traduiraient le passage *d'usages déviants de la drogue* à des *usages sociaux du dopage*.

### *B – Restaurer la crédibilité de l'action publique*

De sorte que l'écart se creuse entre l'interdit pénal et la diffusion sociale de certaines pratiques. L'usage de cannabis est exemplaire à cet égard. Il en résulte une *perte de sens de la loi*. Et il n'est pas sûr que restaurer l'interdit passe par la mise en avant de la dangerosité des produits. Plus largement, on assiste à une *recomposition du rapport entre normes et déviances*. Tout se passe comme si la prise de psychotropes (licites ou illicites) apparaissait comme une nouvelle norme sociale, telle une sorte de béquille chimique ou naturelle permettant de faire face à l'incitation permanente à se conduire comme un individu autonome, motivé, dynamique. Dès lors, l'action publique est amenée à se déplacer en prenant en compte les situations à risques. Comment concilier au sein d'une politique publique cohérente et pragmatique des préoccupations d'ordre public et de santé publique ? Chacun pressent que l'on bute là sur un problème aujourd'hui essentiel : faire face non seulement à la crise d'autorité des institutions, mais aussi au discrédit de l'action publique, non pas tant dans ses principes que dans sa capacité à faire face aux situations problématiques.

Dans la plupart des sociétés démocratiques la solution carcérale a été largement privilégiée au cours des années 1990. L'« État pénal » (Wacquant, 1999) a trouvé dans les États-Unis un exemple idéal-typique avec plus de deux millions de détenus et de cinq millions de personnes placées sous contrôle judiciaire. Dans le cadre de la pénalisation accrue du crack, en 1991, 56 % des détenus dans les prisons fédérales et 25 % d'entre eux dans les prisons d'État étaient condamnés pour infractions liées à l'usage de drogues (Lagrange, 2003, 22). Si en France ou en Allemagne, les taux sont sans commune mesure, plus d'un tiers des détenus auraient été condam-

11. Cf. les contributions de Decorte, Caiata, Leroux, Beck *et al.*, *in* Faugeron et Kokoreff (2002).
12. Cf. l'enquête de Fontaine (2002).

nés pour des infractions en relation avec leur dépendance aux produits stupéfiants ou aux violences y étant associées. La population carcérale a atteint un chiffre record en France avec plus de 60 000 détenus. Or on connaît les limites d'une politique de détention massive mise en œuvre par l'État dès lors qu'elle ne s'accompagne pas de mesures sociales adéquates. La prison n'a pas d'effet dissuasif à court terme. Pire : elle s'inscrit dans la continuité de trajectoires délinquantes, quand elle ne les précipite pas.

Parallèlement à l'option du « tout carcéral » s'est développée une idéologie de la responsabilité individuelle, renvoyant au travail des éducateurs, psychologues et thérapeutes familiaux, le traitement des problèmes rencontrés par les familles déstructurées et leurs membres. Mais c'est passer à côté de la pauvreté, des inégalités sociales et/ou raciales, du racisme institutionnel, bref des dimensions structurelles en jeu. Or les transformations de la question sociale sont peu prises en compte du point de vue de leurs effets sur la situation et les conduites des usagers de drogue. Si dans les zones urbaines marginalisées, consommation et revente s'inscrivent pour une partie des personnes dans un système de vie, une réponse *ad hoc* consisterait à mettre l'accent sur les actions de prévention. Au-delà des positions de principe, on ne peut pas dire qu'il s'agisse là d'une priorité se traduisant par la mobilisation des moyens adéquats. Tout se passe comme si les actions institutionnelles visaient moins à s'attaquer aux dimensions sociales en jeu qu'au contrôle des territoires et des populations « inintégrables ».

La question posée est donc celle des alternatives possibles au traitement pénal. Ce n'est pas faire preuve d'angélisme que prôner des politiques publiques équilibrées. Quelles pistes d'action envisager pour transformer et adapter la prévention des usages dits « problématiques » ? Quelle politique du cannabis mettre en œuvre de façon crédible et efficace ? Il est temps de dissiper cette triple hypocrisie qui règne à l'égard des consommations (Mucchielli, 2001) : *hypocrisie pénale*, la répression touchant largement les jeunes des quartiers pauvres alors que la consommation s'est diffusée dans tous les milieux sociaux ; *hypocrisie sociale*, dans la mesure où la répression se fonde sur une conception de l'usage considéré comme une pathologie individuelle alors qu'il s'agit d'un phénomène de masse ; *hypocrisie sanitaire*, enfin, au regard de la classification modifiée de la dangerosité des drogues et du taux de mortalité lié à la consommation de tabac ou d'alcool (Roques, 1999)

## III Pour conclure

Les politiques antidrogue ne sont pas composées d'un seul bloc et, on a essayé de le suggérer, des changements majeurs sont intervenus lors de ces trente dernières années en France. Associer dans un même champ d'intervention des produits illicites comme le cannabis ou l'héroïne et des produits licites comme le tabac, l'alcool ou les médicaments a constitué une petite révolution dans un pays où l'alcool est un pilier de la sociabilité, y compris dans le monde du travail. Cependant, tout a contribué à inscrire ces innovations dans une perspective qui ne remette pas en cause le socle législatif, rendant ces innovations sinon vaines, du moins partielles. Les résistances ont été nombreuses, les positions politiques souvent figées, les logiques institutionnelles lourdes, et aujourd'hui, on assiste à un nouveau mouvement de balancier vers les options répressives plutôt que socio-sanitaires, idéologiques plutôt que pragmatiques.

Force est de constater néanmoins une recomposition du paysage des drogues portée par de profondes transformations des représentations, des valeurs et des normes sociales, autrement dit par des tendances lourdes de nos sociétés. Il serait sans doute dommageable de sous-estimer le poids de ces processus au profit d'un retour à des postures théologiques et morales.

## Références bibliographiques


BARRÉ M.-D., « Drogues, délinquance et mise en cause policières », *Questions pénales*, XIV, 2001.

—, « Toxicomanie et délinquance », *Déviance et Société*, vol. 20, n° 4, 1996.

BECK F., LEGLEYE S., PERRETTI-WATEL P., *Regards sur l'adolescence. Consommations de produits psycho-actifs dans l'enquête ESCAPAD 2000*, Paris, OFDT, 2000.

—, *EROP 99. Enquêtes sur les représentations, opinions et perceptions relatives aux psychotropes*, OFDT, 1999.

—, *Évolution récente des usages de drogues à 17 ans : Escapad 2000-2002*, Paris, OFDT, mai 2003.

BECKER H.-S. (dir.), *Qu'est-ce qu'une drogue ?*, Anglet, Atlantica, 2001.

BERGERON H., *L'État et la toxicomanie*, Paris, PUF, 1999.

BERNAT DE CÉLIS J., *Drogues : consommation interdite*, Paris, L'Harmattan, 1996.

BOURGOIS P., *En quête de respect. Le crack à New York*, Paris, Seuil, 2001.

CARTUYVELS Y., MARY P., « L'état social sécuritaire », *in* VAN CAMPENHOUDT L. *et al.* (dir.), *Réponses à l'insécurité*, Bruxelles, Labor, 1999.

CESONI M., *L'incrimination de l'usage de stupéfiant dans sept législations européennes*, Document du GDR « Psychotropes, Politique et Société », n° 4, 2000.

CHOQUET M., COSTES J.-M., LEDOUX S. (dir.), *Rapport ESPAD France 1999*, Paris, OFDT-INSERM, 2001.

COPPEL A., *Peut-on civiliser les drogues ?*, Paris, La Découverte, 2002.

DE MUNCK J., « La consommation de drogues dans le conflit de normes », *in Communications* n° 62, 1996.

DUPREZ D., KOKOREFF M., *Les mondes de la drogue*, Paris, Odile Jacob, 2000.

EHRENBERG A., *L'individu incertain*, Paris, Calmann-Lévy, 1995.

—, *La fatigue d'être soi*, Paris, Odile Jacob, 1998.

—, *Comprendre la nouvelle donne des drogues*, Sénat, 12 mars 2003.

EHRENBERG A. (dir.), *Le trouble des frontières*, Paris, Esprit, 1998.

FASSIN D. (dir.), *Les figures urbaines de la santé publique*, Paris, La Découverte, 1998.

FAUGERON C. (dir.), *Les drogues en France*, Genève, Georg Éditeur, 1999.

FAUGERON C., KOKOREFF M. (dir.), « Les politiques publiques des drogues », *Déviance et Société*, vol. 23, n° 2, 1999a.

—, « Les pratiques sociales des drogues », *Sociétés contemporaines*, n° 36, 1999b.

—, *Société avec drogues : enjeux et limites*, Ramonville-Saint-Agne, Erès, 2002.

FONATINE A., *Usages de drogues et vie professionnelle*, Paris, OFDT, 2002.

JOUBERT M., « Politiques locales et nouveaux dispositifs dans le domaine des toxicomanies », *Déviance et Société*, vol. 23, n° 2, 1999, p. 165-187.

KOKOREFF M., « L'incertitude des politiques pénales », *Cahiers Lillois d'Économie et de Sociologie*, n° 37, 2001.

—, *La force des quartiers*, Paris, Payot, 2003.

LAGRANGE H., *Demandes de sécurité*, Paris, Seuil, 2003.

LERT F., « Méthadone, Subutex. Substitution ou traitement de la dépendance à l'héroïne ? » *in* EHRENBERG A. (dir.), *Le trouble des frontières*, Paris, Esprit, 1998.

Mucchielli L., *Violences et insécurité*, Paris, La Découverte, 2001.
Perez-Diaz C., *Les disparités des politiques pénales de répression de l'usage et du trafic de stupéfiants*, Paris, Cesdip, 1989.
OFDT, *Consommations de substances psychoactives chez les 14-18 ans scolarisés : premiers résultats de l'enquête ESPAD 1999. Évolution 1993-1999, Tendances*, n° 6, 2000.
Roques B., *La dangerosité des drogues*, Paris, Odile Jacob, 1999.
Setbon M., « Drogue, facteur de délinquance ? », *Revue française de science politique*, vol. 45, n° 5, 1995, p. 747-774.
—, *L'injonction thérapeutique*, Cachan, CNRS-GAPP, 1998.
Simmat-Durand L. (dir.), *L'usager de stupéfiants entre répression et soins : la mise en œuvre de la Loi de 1970*, Paris, CESDIP, 1998.
Simmat-Durand L., *La lutte contre la toxicomanie*, Paris, L'Harmattan, 2000.
*Usage et trafic de stupéfiants. Statistiques 1999*, OCRTIS, ministère de l'Intérieur, 2000.
Wacquant L., *Les prisons de la misère*, Paris, Seuil, 1999.

# La référence à l'interdit légal dans la dynamique de la cure

Jean-Luc VENISSE

Le clinicien ne peut réfléchir à la place de l'interdit (légal) et de sa transgression, dans les usages toxicomaniaques de produits illicites comme dans la dynamique de la cure, qu'en référence à sa pratique clinique et thérapeutique. Cette pratique, qui concerne des patients gravement dépendants (dont la vie est massivement envahie par leur conduite pathologique), a été profondément marquée au cours des dernières années, d'une part par l'introduction des traitements de substitution dans le cadre d'une démarche de réduction des risques liés aux consommations d'opiacés, et également par l'effacement progressif de la distinction entre produits licites et illicites dans le cadre d'une vision de plus en plus transversale des conduites de consommation de substances psycho-actives. Plus largement encore, on doit désormais parler d'une approche centrée moins sur les produits consommés, que sur les comportements de dépendance (addictions avec ou sans drogue) et ce qui les sous-tend et les entretient pour un individu donné. Les données et positions successives du Comité National d'Éthique, des rapports Roques[1] et Parquet[2], puis plus récemment du plan triennal gouvernemental 1999-2002, sont venues jalonner ce parcours que nous appelions nous-mêmes de nos vœux lors de l'ouverture de l'unité spécialisée du CHU de Nantes en 1990.

Qui dit traitement de substitution sous entend, à notre sens, une certaine réintroduction de l'interdit permettant un travail sur les écarts et sur la dépendance. Ayant valeur de reconnaissance de l'existence d'un manque chez le toxicomane, aussi bien psychologique que physique, cette approche nouvelle réalise, à travers le cadre bio-psycho-social qu'elle instaure, avec ses exigences (surtout pour la méthadone) en terme de rythmes de prescription et de délivrance comme de contrôles urinaires par exemple, une sorte de compromis médicalisé du rapport au toxique qui permet de désamorcer l'engrenage vers la marginalisation et les actes délictueux. Chacun sait dans le même temps qu'elle n'exclut pas les phénomènes de transgression, marqués notamment par des détournements d'usage qui sont loin d'être négligeables.

1. ROQUES B., *La dangerosité des drogues*, Paris, Odile Jacob, 1999.
2. PARQUET P.-J., *Pour une politique et une prévention en matière de comportements de consommation de substances psycho-actives*, Paris, CFES, 1997.

Qui dit approche transversale, centrée sur les conduites, suppose à notre sens, et de l'avis de la plupart des cliniciens, de considérer ces pratiques addictives, dont les toxicomanies les plus classiques font partie, comme la résultante, à un moment donné et pour un individu donné, de facteurs étiopathogéniques nécessairement multiples interférant en proportions variables selon une alchimie subtile pour contribuer à l'initiation et l'entretien d'un comportement répétitif susceptible d'entraîner des dommages à leur tour aussi bien somato-biologiques que psychologiques et socio-familiaux. Parmi ces différents facteurs, les effets pharmacologiques des produits éventuellement consommés comme leur caractère licite ou illicite tiennent une place indiscutable mais relative.

On connaît le développement exponentiel au fil des années des poly-consommations, mêlant allégrement produits illicites et licites au premier rang desquels respectivement cannabis et alcool. Les données chiffrées les plus récentes notent de surcroît une certaine baisse de la place respective des produits illicites par rapport aux produits licites dans les habitudes de consommation des toxicomanes fréquentant les centres spécialisés[3]. Ceci n'incite pas à mettre en avant dans l'approche thérapeutique le caractère illicite de certains produits, a fortiori quand il est patent que l'application de la loi n'est dans certains cas, et en particulier pour les usagers de cannabis, guère réaliste et dans la pratique soumise à de très nombreux aléas qui lui enlèvent sa valeur symbolique de référence commune susceptible de tenir une authentique fonction tierce.

Si la place de l'interdit dans la cure doit être située, c'est d'abord sans doute à travers cette notion de référence symbolique qui dans le développement psychoaffectif définit la place du tiers et sa dimension de limite structurante ; c'est-à-dire au niveau de ce qui balise le cheminement long et difficile du patient toxicomane, et plus largement addictif, durant son parcours thérapeutique vers une certaine individuation, garante de ses capacités minimum de se prendre en main pour construire sa vie et s'assumer du côté de ce manque à être qui tout à la fois nous fait humain et désirant et justifie que nous puissions chercher à le combler par tous les moyens et à tout prix.

Un interdit qui renvoie toujours à l'interdit fondamental de l'inceste et que le cadre thérapeutique cherche à mettre en musique et décliner à travers les notions classiques de « contrat de soin » ou encore de « règlement institutionnel », en tant qu'occasions pour une parole qui fait lien et sens, réintroduit le temps et l'histoire (du parcours de soins vécu ensemble comme de l'histoire personnelle) ; interdit qui vise à transformer les inévitables transgressions, de ce qui a été convenu et des limites posées, en autant de confrontations constructives, ayant valeur d'expérience fondamentale d'acquisition et d'intériorisation de la loi, aussi bien que de mode d'exercice de l'agressivité (comme en témoigne la proximité étymologique).

Ce qui amène tout naturellement à *la question de la transgression et de ses liens avec le plaisir dans les pratiques toxicomaniaques*, certainement objet de malenten-

3. Cf. notamment Beck F., Legleye S., « Drogues et politiques publiques : évolution des perceptions et des opinions, 1999-2002 », *Tendances – OFDT*, 2003, n° 28 ; Costes J.-M., Martineau H., « Drogues et dépendances – indicateurs et tendances en 2002 », *Tendances – OFDT*, 2002, n° 19 ; Brochu S., Schneeberger P., « Drogues illicites et délinquance : regards sur les travaux nord-américains », *Tendances – OFDT*, 2001, n° 17.

dus multiples. Comment en effet ne pas s'arrêter sur ces mots sans en mesurer immédiatement l'extrême complexité : qui dit transgression sous entend a priori dans le langage courant une volonté de ne pas respecter (littéralement « passer au travers de ») certaines règles ou limites, notamment posées par le corps social et en premier lieu légales ; cela suppose comme condition de possibilité que celles-ci aient pu être acquises, assimilées, intériorisées, ce qui est loin d'être évident pour la plupart des patients toxicomanes, et plus largement addictifs, justement quelque peu infirmes de ce point de vue qui ramène à la place décisive de la triangulation et d'une instance paternelle opérante dans le développement psycho-affectif et les processus d'individuation.

On rappellera de ce point de vue les données concernant la défaillance réelle de la figure paternelle (du fait notamment de la fréquence des décès prématurés) comme celles qui insistent sur la dimension transgressive dans les familles de toxicomanes à un niveau transgénérationnel ; de la complicité secrète teintée de fascination avec l'adolescent toxicomane, offrant des satisfactions fantasmatiques par procuration à ses parents, à des modalités transgressives plus structurées, en particulier sur le plan des normes sexuelles[4] ; certains travaux laissant apparaître des corrélations plus fortes avec le groupe des toxicomanes aux opiacés, et à l'héroïne tout particulièrement, qu'avec les autres patients addictifs[5].

Quant au plaisir, il s'avère au moins aussi délicat à cerner ; comment en effet approcher et interpréter le plaisir d'autrui, celui qu'il allègue ? si les patients toxicomanes et addictifs parlent de plaisir, si l'usage de certains produits est associé à ce mot notamment au niveau des effets du flash, comment le comprendre et l'articuler avec l'extrême souffrance qu'ils rapportent tous également ? de « l'acmé de la scansion » cher à Claude Olivenstein[6] en tant que tentative pour le toxicomane de réhabiter fugitivement une temporalité perdue à la « rage destructrice » qu'évoque Bernard Brusset[7] à propos de la crise boulimique, avec ses effets de mise en tension des limites (internes et externes) du corps, qui concernent d'une manière ou d'une autre tous les sujets en proie à l'addiction, comment penser cette question des liens possibles entre plaisir et douleur ?

Bien sûr du côté du masochisme, et notamment du masochisme primaire, mais aussi au plus près de la notion de déni d'une part, de la problématique centrale de dépendance d'autre part. Un déni dont il faut rappeler qu'il s'agit d'un mécanisme de défense inconscient et archaïque, décrit par Freud en 1927 à propos de la perversion fétichique, et indissociablement lié à un clivage du moi selon lequel un individu peut soutenir conjointement deux convictions contradictoires.

Un déni qui porte chez le patient addictif souvent, au moins en partie, sur la réalité de son problème et de ses conséquences, et donc d'une manière ou d'une autre sur le caractère éventuellement illicite de ses actes, et encore plus fondamentalement, comme la clinique nous l'apprend quotidiennement sur la représentation

4. ANGEL S., ANGEL P., *Les toxicomanes et leurs familles*, Paris, Armand Colin, 2003.
5. KANDEL D., KESSLER R., MARGULIES R., « Antécédent of adolescent initiation into stages of drug use : a developemental analysis », *Journal of Youth and Adolescence*, n° 7, 1978, p. 13-40.
6. OLIVENSTEIN C., *Destin du toxicomane*, Paris, Fayard, 1983.
7. BRUSSET B., « Anorexie mentale et toxicomanie », *Adolescence*, 1984, 2, p. 285-314.

insupportable de son vécu de dépendance à ceux qui l'entourent, dont sa conduite répétitive peut d'une certaine manière être considérée comme un auto-traitement de substitution. Ce qui conduit à envisager les prises de risque indiscutables du toxicomane, dont la transgression de la loi commune n'est qu'une modalité parmi beaucoup d'autres (cf. par exemple le risque infectieux[8]), du côté de ces pratiques ordaliques que Marc Valleur et Aimé Charles Nicolas ont su évoquer à propos de toxicomanie[9], selon lesquelles il peut, pour certains, être tentant de vérifier leur existence en allant régulièrement côtoyer la mort, et aussi de s'affranchir ce faisant de leur dépendance primaire à la filiation en s'en remettant au jugement de Dieu, (sorte de quête de paternité divine comme l'a qualifiée Jean-Louis Pedinielli[10]). Ainsi la transgression en acte qui déborde largement les attitudes de défi fréquemment rencontrées chez beaucoup d'adolescents en mal de démarcation et de rites d'initiation est-elle, en tant qu'appel au père, susceptible de se fétichiser du côté d'un plaisir perverti.

Une fois tout ceci posé, quelle place peut-il rester à la prise en compte de l'interdit légal dans l'accompagnement thérapeutique du patient toxicomane ? Sans doute celle qui cherche à articuler, non sans difficulté, l'espace du soin et celui du cadre juridique ainsi que de la peine éventuelle ; ce que les injonctions thérapeutiques, les mises à l'épreuve avec obligation de soins ou encore les examens de garde à vue tentent concrètement de faire. Dans tous ces contextes, qui peuvent aussi comprendre certaines expériences de groupe de parole dans le cadre de travaux d'intérêt général ou de préparation à la sortie, il nous semble important de rappeler que si le thérapeute n'est pas l'instrument de la loi, il y est soumis comme tout citoyen. Ce qui réintroduit l'interdit légal comme tiers dans la relation soignant-soigné. On peut évoquer également la fonction contenante (au sens d'une enveloppe physique et possiblement psychique) de certaines expériences carcérales et, à un autre niveau, de confrontation à des dommages perceptibles, comme peuvent également le réaliser certaines répercussions financières de la conduite.

C'est dans cette mesure qu'il nous semble intéressant d'aider le patient à s'interroger sur une expérience pénible dans ce registre judiciaire (interpellation, garde à vue ou jugement) dans la perspective de lui permettre d'éviter de répéter de telles situations, c'est-à-dire au titre d'élaboration de réponses alternatives dans des vécus de tension ou de malaise interne, comme nous avons l'habitude de le faire avec tout patient en proie à l'addiction.

De la même manière le travail sur le déni et autour des fantasmes d'omnipotence a tout intérêt à s'appuyer sur tous les éléments de réalité disponibles, et tout particulièrement ceux concernant les conséquences les plus négatives de la conduite considérée, ici éventuellement pénales, avec le souci de préciser si « le jeu en vaut vraiment la chandelle », ou plutôt le produit un tel « coût », à tous les niveaux ; ce

8. VENISSE J.-L., BAILLY D., REYNAUD M. (dir.), *Conduites addictives, conduites à risques : quels liens, quelle prévention ?*, Issy-les-Moulineaux, Masson, 2002.

9. CHARLES NICOLAS A., VALLEUR M., « Les conduites ordaliques », *in La vie du toxicomane*, Paris, PUF, coll. « Nodules », 1982, p. 85-102.

10. PEDINIELLI J.-L., « Statut clinique et épistémologique du concept d'addiction – Intérêt et limites », *in* VENISSE J.-L. (dir.), *Les nouvelles addictions*, Masson, Issy-les-Moulineaux, 1991, p. 42-54.

qui peut d'ailleurs ramener à nouveau du côté de vécus à certains égards comparables dans la relation avec l'entourage familial, c'est-à-dire marqués d'envahissement, de rejet, et de réactions plus ou moins pénalisantes.

En conclusion, on peut dire que, pour le clinicien, la référence à l'interdit légal, qui ne concerne qu'un nombre limité des conduites pathologiques de dépendance, n'est qu'un élément de réalité parmi beaucoup d'autres. Il n'acquiert une dimension structurante particulière, du côté du tiers paternel, que dès lors qu'il fait l'objet d'un consensus social clair allant de pair avec une application rigoureuse de la loi, à ce niveau le pire est sans doute quand la loi, de fait, n'est pas appliquée et de plus, guère applicable.

# Limites et effets pervers de la « guerre à la drogue »

Alain LABROUSSE

La « guerre à la drogue » lancée par le président Nixon en 1971 est une « guerre » de plus de trente ans dont on ne voit pas la fin tant les intérêts géopolitiques des États-Unis, qui en sont les incontestables leaders, s'en trouvent confortés. Ralliée à cette croisade prohibitionniste aux visées douteuses, une grande majorité d'États réaffirme chaque année, au cours de la session annuelle de la Commission des stupéfiants de l'ONU, leur appui à la politique en cours. Durant la session spéciale des Nations Unies sur les drogues qui s'est déroulée en juin 1998 à New York, le Programme des Nations unies pour le contrôle international des drogues (PNUCID[1]) a prévu « l'élimination », ou à défaut la « réduction substantielle », des cultures illicites en dix ans. L'examen à mi-parcours de ce plan par la Commission des stupéfiants, à Vienne en avril 2003, a montré que, malgré de légers progrès ici et là[2], on était loin du compte. Aucune remise en cause du dogme prohibitionniste n'est cependant à l'ordre du jour, en dépit du triste constat dressé par un collectif d'associations, de fondations, de groupes politiques et d'experts internationaux lors de la conférence alternative organisée en marge de cette réunion officielle : la « guerre à la drogue » sert des intérêts qui n'ont rien à voir avec ceux de la santé publique.

## I Les cultures de coca et « l'effet balloon »

Il est difficile de mesurer les effets des politiques de lutte contre les drogues en fonction de la variation de l'offre de ces dernières. Des changements importants au niveau de la nature de la demande doivent en effet être pris simultanément en compte. Par exemple, aux États-Unis, la consommation récréative de cocaïne est en net recul depuis une dizaine d'années, mais elle a fait place à une hausse très importante des usages problématiques d'héroïne et de drogues de synthèse. En Europe, au contraire, on observe dans plusieurs pays une stagnation ou une baisse de la consommation d'héroïne tandis que celle de cocaïne connaît une augmentation notable, notamment au niveau de la toxicomanie de rue. Néanmoins, les Nations Unies s'étant fixé comme objectif une « réduction substantielle » des cultures illi-

1. Devenu depuis l'Office des Nations Unies contre la drogue et le crime (UNODC).
2. Sur la situation mondiale, cf. le rapport de l'UNODC rendu public le 25 juin 2003 : *Global Ilicit Drug Trends 2003*, New York, Nations Unies, 2003.

cites, l'évolution de ces dernières est un des critères applicables à l'évaluation des politiques répressives.

En ce qui concerne la cocaïne, le Pérou et la Bolivie étaient, depuis le début des années 1980, les plus importants producteurs mondiaux de feuilles de coca (respectivement sur 120 000 et 50 000 hectares en 1994) et de pâte base, matière première du chlorhydrate de cocaïne fabriqué, pour l'essentiel, en Colombie. Les États-Unis en ont conclu que si l'on parvenait à interrompre la ligne d'approvisionnement aérienne permettant aux trafiquants de ce dernier pays de s'approvisionner, le prix de la feuille de coca ne trouvant plus preneur s'effondrerait au Pérou et en Bolivie. Au milieu des années 1990, les Américains ont donc mis en place une chaîne de radar dans le nord du Pérou afin de repérer les avionnettes colombiennes se préparant à atterrir sur des pistes de fortune dans la forêt amazonienne. Mis à disposition de l'armée péruvienne, ces équipements sophistiqués permettaient à l'aviation de prendre en chasse les appareils non-identifiés pour les forcer à atterrir ou pour les abattre, souvent sans sommation. Baptisé *Air Bridge Denial*[3], ce dispositif s'est révélé relativement efficace, le nombre d'appareil abattus passant de moins d'une demi-douzaine en 1994 à plus de 20 en 1996. Effectivement, les productions illicites bolivienne et péruvienne ont vu leur cours s'effondrer. Au Pérou, un autre phénomène a favorisé cette opération : la déroute de la guérilla maoïste du Sentier lumineux à partir de 1993 a permis à l'État de reprendre le contrôle de vastes zones de la région amazonienne et d'en retirer une armée qui avait été largement corrompue par les prébendes du narco-trafic. Les superficies de cultures illicites sont ainsi passées, à la fin des années 1990, à moins de 40 000 hectares au Pérou et à moins de 10 000 hectares en Bolivie.

Ce que n'avaient apparemment pas prévu les États Unis, c'est que les trafiquants colombiens, privés de leurs sources d'approvisionnement dans les pays voisins, développeraient chez eux les superficies de cocaïers qui sont ainsi passées de 40 000 hectares en 1995 à près de 170 000 hectares en 2000. La réduction de la production obtenue en Bolivie et au Pérou a ainsi été compensée par son accroissement en Colombie[4]. C'est ce que les anglo-saxons appellent « l'effet *balloon* » : quand on appuie sur une partie de la surface du ballon gonflable, cela provoque une excroissance plus loin. Cette situation a amené les États-Unis à financer d'intenses campagnes de fumigations en Colombie qui, au prix de graves dommages causés à l'environnement et, probablement aussi, à la santé humaine, ont permis une réduction de l'espace cultivé, de 2001 à 2004, à environ 80 000 hectares. Mais dans le même temps, on constate à nouveau la croissance des superficies de cultures illicites de coca en Bolivie (plus de 20 000 hectares) et au Pérou (plus de 40 000 hectares). Par ailleurs, les cultures de pavot sont en train de s'enraciner au Pérou et celles de marijuana explosent en Bolivie. En outre, il semble que les trafiquants aient mis au point des variétés de coca dont la productivité à l'hectare ait considérablement augmenté,

---

3. RONCKEN T. (éd.), *The Drug War in the Skies, The US* Air Bridge Denial *Strategy : The Success of a Failure*, Accion Andina/Transnational Institute, Cochabamba (Bolivie), 1999.
4. La demande du marché étant largement satisfaite par la production dans les pays andins, cela explique qu'elle n'ait pas encore été lancée sur d'autres continents bien que des « essais » de culture aient déjà été menés aux Philippines, dans le Caucase, dans le Pacifique et en Afrique.

tout comme le contenu en alcaloïde de la feuille elle-même. Cela contribue à expliquer pourquoi, au début de l'année 2005, on ne percevait encore aucun impact des réductions de superficie cultivée sur les quantités de cocaïne disponibles dans le monde. Les prix restent à la baisse et la pureté des doses à la hausse, aux États-Unis comme en Europe.

## II Les talibans et l'opium

En ce qui concerne les opiacés, en dépit d'une réduction du volume d'opium birman qui est passé de 2 500 tonnes au milieu des années 1990 à environ 400 tonnes en 2004 [5], la production mondiale s'est élevée de 4 263 tonnes à 5 004 tonnes entre 1999 et 2000, soit une augmentation de 20 %. Cette hausse est essentiellement due à un accroissement de la production en Afghanistan qui, d'environ 3 000 tonnes chaque année entre 1995 et 1998, est passée à 4 500 tonnes en 1999 et à 3 600 tonnes en 2000 [6]. En août de la même année, l'interdiction de semer le pavot, prononcée par le chef des talibans, le mollah Omar, était suivie d'effet : les superficies dans les régions contrôlées par le gouvernement islamiste ont été insignifiantes en 2001. Cette interdiction présentait un intérêt à la fois politique – l'éradication de l'opium renforçait la candidature du gouvernement taliban au siège de l'ONU au début de l'année 2001 – et économique : du fait des récoltes records des deux années précédentes, il existait des stocks considérables de drogues dont la mise sur le marché aurait pu provoquer un effondrement des prix. En août 2001, le mollah Omar a renouvelé son interdiction de semer, mais les événements de la fin de l'année n'ont pas permis aux talibans de la faire respecter.

Dès le mois de novembre 2001, des observations oculaires de techniciens des Nations Unies ont laissé prévoir que les paysans avaient semé sur une large échelle. Bien que le 17 janvier 2002, le gouvernement intérimaire présidé par Ahmid Karzai ait interdit la culture du pavot et les activités liées au narco-trafic, et que le Royaume-Uni ait dépensé vingt millions de dollars pour subventionner l'arrachage des plantations, il a bien fallu se rendre à l'évidence : la production d'opium de 2002 a retrouvé son niveau de l'année 2000, soit plus de 3 400 tonnes. L'Office des Nations Unies contre la drogue et le crime, dans son dixième rapport annuel sur les drogues en Afghanistan [7], révèle qu'en 2003 la production d'opium a été de 3 600 tonnes (de quoi fabriquer 360 tonnes d'héroïne pure), soit une augmentation de 6 % par rapport à l'année précédente. Le même rapport établit que les revenus locaux de la production et du trafic des opiacés représentent 2,3 milliards de dollars, soit 50 % du PIB, ce qui risque de transformer le pays en véritable « narco-État ». Le plus inquié-

---

5. Cette réduction n'est généralement pas attribuée aux généraux birmans qui, au plus haut niveau, participent au trafic. Certains experts indépendants estiment que jusqu'en 1995, la production avait été sensiblement surestimée. Ensuite un cycle de sécheresse extrêmement sévère aurait affecté les cultures. Enfin, les trafiquants birmans ont diversifié leur production de drogue en fabriquant des tonnes d'amphétamine qui inondent le marché thaïlandais.
6. UNODC, *The Opium Economy in Afghanistan. An International Problem*, New York, Nations Unies, 2003.
7. UNDOC/Government of Afghanistan Counter Narcotics Directorate, *Afghanistan. Opium Survey 2003*, New York, Nations Unies, 2003.

tant pour l'avenir est que 28 provinces sur 32 sont désormais concernées, alors qu'elles n'étaient que 18 en 1999[8]. En 2004, la superficie cultivée a battu tous les records avec plus de 130 000 hectares et seules de très mauvaises conditions climatiques ont empêché la production d'excéder 4 400 tonnes. Depuis la fin de l'année 2004, le gouvernement d'Ahmid Karzaï, légitimé par sa victoire électorale, mène en ce domaine une action énergique et il est probable que l'année 2005 verra une diminution sensible de l'opium produit.

## III L'extension du domaine du haschisch marocain

Si l'on ne dispose pas de statistiques sur la production mondiale de cannabis, de nombreux indices suggèrent qu'elle progresse partout dans le monde pour répondre à une demande de marijuana et de haschisch à la hausse dans la plupart des pays. Le rapport de l'Observatoire européen des drogues et des toxicomanies (OEDT) publié au mois d'octobre 2000 constate cette consommation massive : « Plus de 40 millions de personnes dans l'Union européenne ont consommé de la marijuana ou du haschisch. En moyenne, un adolescent de 15 ans sur cinq et au moins une personne sur quatre dans la tranche des 15-34 ans y ont expérimenté le cannabis. » En Europe, en dehors des cultures en appartement, le marché est essentiellement alimenté par le haschisch marocain. Ailleurs, dans le reste du monde, on saisit d'importantes quantités de haschisch en provenance du Pakistan, d'Afghanistan et du Népal, ainsi que de la marijuana exportée par le Mexique, la Colombie, la Jamaïque, le Cambodge et par l'ensemble des pays d'Afrique sub-saharienne.

Le Maroc est le premier producteur mondial de haschisch. Lançant sa « guerre à la drogue » à l'automne 1992, le roi Hassan II reconnaissait à l'époque que les cultures illicites s'étendaient sur 50 000 hectares (l'évaluation généralement admise jusque-là variait entre 30 000 hectares et 35 000 hectares). Mais suite à une longue enquête de terrain, l'Observatoire géopolitique des drogues (OGD) évaluait dès 1993 la superficie de ces cultures entre 65 000 hectares et 74 000 hectares, ce qui représente un potentiel annuel de production de haschisch compris entre 1 500 et 2 000 tonnes[9]. Plus récemment, la première étude systématique sur le cannabis au Maroc, réalisée par les Nations Unies, et publiée en décembre 2003, évalue la superficie cultivée à 134 000 hectares[10] et la production annuelle de haschisch à 3 080 tonnes.

Pour les 800 000 personnes qui vivent directement de la culture du cannabis, celle-ci représente environ 214 millions d'euros, soit en moyenne 2 200 euros par famille de cultivateurs (environ 50 % de leurs revenus annuels). Mais les plus gros profits vont aux trafiquants lesquels, selon le même rapport, engrangent chaque année en Europe une dizaine de milliards d'euros.

---

8. On observe une réduction de près de 50 % dans l'Helmand qui était, jusqu'en 2002, la principale zone de production, et de 25 % dans la région de Kandahar, réduction due aux campagnes d'éradication menées par le gouvernement. Les effets des campagnes d'éradication ont été compensés par une augmentation de 40 % dans la province d'Uruzgan, 72 % dans celle de Ghor et 55 % dans celle du Badakhshan.

9. OGD, *Rapport d'enquête sur les enjeux politiques, économiques et sociaux de la production et du trafic des drogues au Maroc*, Bruxelles, Secrétariat général de la CCE, 1994.

10. UNODC/Royaume du Maroc, *Maroc. Enquête sur le cannabis 2003*, New York, Nations Unies, 2003.

## IV L'explosion de la production de drogues synthétiques

Si les développements précédents montrent que la substitution des drogues d'origine naturelle par des drogues de synthèse n'est pas encore à l'ordre du jour, la production et le trafic de ces dernières connaissent une croissance exponentielle. Dès 1996, les Nations Unies lançaient un cri d'alarme en affirmant que les stimulants synthétiques du type amphétamines « pourraient devenir les drogues de prédilection au XXIe siècle ». Force est de constater qu'en Europe, les saisies ont augmenté de 38 % au cours de la période 1997-1998 avec, en moyenne annuelle, près de trois tonnes de pilules confisquées au Royaume-Uni, 1,5 tonne aux Pays-Bas et 250 kg en Allemagne et en Belgique. Dans le premier de ces pays, la consommation de drogues de synthèses a triplé entre 1992 et 1998. L'Observatoire européen des drogues et des toxicomanies observe, dans son Rapport 2002, qu'après une diminution des saisies enregistrées en 1998 et 1999, les quantités ont de nouveau augmenté en Europe, notamment en Allemagne. Aux États-Unis, où les saisies annuelles ont atteint 1,7 tonne par an pour la période 1997-1998, le nombre d'admissions dans des centres de traitement a crû de façon spectaculaire entre 1992 (20 000 patients) et 1997 (70 000 patients). Ce chiffre s'est ensuite stabilisé en 1999 et en 2000. En revanche, en Asie du Sud-Ouest, le phénomène ne cesse de s'amplifier. Selon les services anti-drogues des États-Unis, les trafiquants birmans produiraient annuellement 800 millions de cachets d'amphétamine, dont 27 millions ont été saisis en 2000 et 32 millions en 2001. La Thaïlande en est le principal destinataire. Mais la Chine, Taiwan et les Philippines sont également d'importants producteurs en particulier pour le marché japonais[11].

## V Les intérêts géopolitiques des États

Le développement des cultures illicites a pour origine la pauvreté du monde rural dans le Tiers monde, les effets des politiques d'ajustement structurel imposées par les organismes financiers internationaux (Banque mondiale, FMI, etc.) ainsi que les subventions dont bénéficient les productions agricoles dans les pays riches[12]. C'est sur ce fond d'injustice et de pauvreté que se déroule, avec une particulière violence depuis le début des années 1980, la « guerre à la drogue » dont les objectifs réels n'ont le plus souvent que peu à voir avec l'élimination du trafic. Les États-Unis, première puissance mondiale et *leader* de la croisade prohibitionniste, font ainsi un usage systématique de cet outil géopolitique comme en témoigne l'actualité sud-américaine récente.

Jusqu'en décembre 1999, les États-Unis espéraient maintenir une présence militaire dans la zone du canal de Panama. À cette fin, ils proposaient la création d'un « Centre multilatéral anti-drogues » (CMA) basé dans ce pays. Les pourparlers avec l'ancien président Balladares n'ont pas abouti et la nouvelle présidente, Mireya

11. Cf. les chapitres correspondant à ces pays *in* Labrousse A. (dir.), *Dictionnaire géopolitique des drogues*, Bruxelles, De Boeck, 2002.
12. Sur ce sujet, cf. Labrousse A., *Drogue, un marché de dupe*, Paris, Alternatives, 2000. Cf. également De Rementería I, *La guerra de las drogas*, Bogota, Planeta, 2001.

Moscoso, a finalement refusé l'implantation d'un tel centre sur le territoire panaméen au nom de la souveraineté nationale. À cela s'est ajouté l'interdiction, par le gouvernement nationaliste d'Hugo Chavez, du survol de l'espace aérien vénézuélien aux avions militaires des États-Unis. Enfin, en 2000 et 2001, le projet américain de déploiement d'une force multinationale pour préserver du chaos la Colombie, cœur stratégique de l'Amérique du Sud et lieu d'extraction de pétrole pour plusieurs compagnies américaines, a été accueilli avec méfiance par les États voisins [13].

Dans ce contexte géopolitique peu favorable, les États-Unis se sont alors prévalus du fait que la Colombie est le principal fournisseur de drogues (cocaïne, héroïne et marijuana) du marché américain pour y dépêcher plusieurs centaines de conseillers militaires. Dans le cadre de ce « Plan Colombie », les États-Unis ont fourni aux forces armées près de trois milliards de dollars d'équipements militaires. Depuis le début de l'année 2002, la rupture des négociations entre la guérilla marxiste des Forces armées révolutionnaires de Colombie (FARC) et le gouvernement colombien a entraîné un engagement croissant de l'administration Bush aux côtés de l'Armée colombienne pour combattre le « narco-terrorisme ».

Dans la présentation de son plan anti-drogues le 12 février 2002, George W. Bush déclarait notamment : « Quand nous combattons les drogues, nous combattons la terreur. Les drogues alimentent les agissements mortifères des terroristes. Que peut faire un citoyen américain pour défendre l'Amérique ? Ce qu'il peut faire, c'est ne pas acheter de drogues illégales car il est probable que cet argent finira dans les mains d'organisations terroristes [14]. »

En 2003 pourtant, la reprise des cultures de pavot en Afghanistan s'explique par la politique américaine menée dans ce pays. Dans les deux grandes zones de production, le Nangahar à l'est et l'Helmand au sud, les tribus qui le cultivent appartiennent à l'ethnie pachtoune. Leurs membres sont très fortement opposés au gouvernement intérimaire dominé par les autres ethnies, en particulier les Tadjiks. Une intervention armée contre la culture de pavot, en admettant que le gouvernement en ait les moyens, ne peut que se heurter à une résistance renforcée par ces antagonismes ethniques. Pour les États-Unis, la priorité étant le contrôle du territoire par le gouvernement central, le représentant de la Drug Enforcement Administration (DEA) à Kaboul a déclaré, au début de l'année 2003, qu'« il était impossible d'agir pour le moment contre l'opium ». Les Américains ont il est vrai besoin, dans leur combat contre les talibans, du concours de seigneurs de la guerre, au premier rang desquels l'Ouzbek Rachid Dostom, très impliqués dans le trafic de drogues.

## VI Des dommages collatéraux plus graves que les effets des drogues

De nombreux pays du monde ont pris conscience de l'utilisation instrumentale de la « guerre à la drogue » à des fins politiques. C'est le cas de la plupart des États européens qui ont fait de la « réduction des risques [15] » l'arme principale de

13. Chapitre « Colombie », Observatoire géopolitique des drogues, *La géopolitique mondiale des drogues 1998-1999*, Paris, OGD, 2000.
14. « Bush anti-drug strategy stress community », COMTEX Newswire, Washington, 13 février 2002.
15. *Harm reduction*, que les Canadiens traduisent, eux, par « réduction des dommages ».

la lutte contre la toxicomanie et contre « l'offre de drogues ». Ils ont été rejoints par d'autres grands pays, comme le Mexique ou l'Australie. Mais les États-Unis conservent des alliés même parmi les pays développés, notamment le Japon et la Suède. Leur influence se fait sentir dans les organes des Nations Unies, au sein de l'Office des Nations Unies contre les drogues et le crime, de l'Organe de contrôle international des stupéfiants et surtout de la Commission des stupéfiants, lieu d'expression de la communauté internationale dont font partie plus d'une centaine d'États. Les pays émergeants ou en voie de développement, majoritaires dans cette assemblée, défendent souvent des politiques plus répressives que celles de Washington, tant au niveau national en matière de traitement des toxicomanes que sur le plan de la lutte internationale contre les drogues. Dans certains de ces pays, la détention de 30 grammes d'héroïne – punie en Europe d'une courte peine de prison – est passible de la peine de mort. Les organes des Nations Unies jouent de ces positions répressives. A ainsi été adoptée, lors de la réunion de la Commission des stupéfiants d'avril 2002, une motion présentée par la Libye avec le soutien du Soudan et de l'Égypte, faisant écho à un précédent rapport de l'Organe de contrôle international des stupéfiants [16] très critique à l'égard des « politiques laxistes » de certains pays européens en matière de cannabis et de drogues de synthèses.

Ce positionnement politique dur a plusieurs causes. D'une part, il est le fait de sociétés non démocratiques – la Chine, la Malaisie, l'Arabie Saoudite ou l'Iran – qui punissent très sévèrement toutes les formes visibles de déviances. D'autre part, il s'explique par la fascination exercée par le « modèle américain » et par un opportunisme justifiant le ralliement à ce qui est perçu comme la position dominante parmi les pays riches. C'est le cas des pays africains qui espèrent ainsi bénéficier d'apports financiers de la part des États occidentaux. Enfin, certains gouvernements cherchent, en adoptant des mesures punitives extrêmes, à faire oublier les trafics auxquels se livrent leurs propres élites. Ces pays traitent les consommateurs comme des délinquants, les petits trafiquants comme des criminels dangereux, et sont prêts à appuyer toutes les croisades anti-drogues dans la mesure où leurs dirigeants n'en sont pas la cible. Les États-Unis trouvent là les appuis empêchant l'évolution de la politique internationale de lutte contre les stupéfiants, au risque de voir se multiplier les violations des droits de l'homme, dommages collatéraux de la « guerre à la drogue ».

Jusqu'à la fin des années 1990, la Chine avait l'habitude de « fêter » la journée mondiale contre les drogues des Nations Unies, organisée le 26 juin, en fusillant quelques dizaines de condamnés pour trafic ou usage des stupéfiants. La Thaïlande a été plus loin : au début de l'année 2003, en deux mois, les forces de l'ordre ont procédé à l'exécution extra-judiciaire de près de 3 000 petits passeurs ou dealers. Lors de la réunion de la Commission des stupéfiants, au mois d'avril suivant, le directeur de l'Office des Nations Unies contre la drogue et le crime, Antonio Maria Costa, félicitait la Thaïlande pour les résultats de sa lutte contre la drogue [17].

16. OICS, rapport 2001, New York, Nations Unies, 2001.
17. Selon les agences de presses internationales.

# Structure de marché et prohibition des drogues : aux sources de l'échec des politiques répressives

Sylvaine Poret

Devant l'importance des effets négatifs occasionnés par les drogues illicites en termes de santé et de criminalité, on peut s'interroger sur le fait que les économistes se soient peu intéressés aux drogues en tant que produits prohibés. À partir du moment où la production, la vente, et la consommation de ces produits psychoactifs sont constatées, malgré la prohibition, et dans la mesure où les pouvoirs publics allouent des ressources à la limitation du trafic, l'économiste peut proposer ses instruments d'analyse pour apporter à la compréhension de ce marché illégal. Ainsi, dans le cadre du système prohibitif actuel, considéré comme une donnée, dans une approche dite positive, l'analyse économique peut contribuer à expliquer les résultats des politiques publiques menées jusqu'à présent par la mise en évidence de certains mécanismes.

Depuis les années 1970, les économistes se sont surtout intéressés à la demande de drogues, qu'elles soient illicites ou non. La question centrale est alors de savoir si les consommateurs de ce type de produits réagissent à des variations de leurs prix. Par exemple, une augmentation des taxes sur le tabac entraîne-t-elle une baisse significative de la consommation ? Comment varie la consommation de drogues illégales suite à une hausse des prix ? Une vaste littérature théorique et empirique met nettement en évidence que les consommateurs, même fortement dépendants, réagissent par une diminution de leur consommation à toute hausse des prix des stupéfiants (marijuana, cocaïne, héroïne).

Il a fallu attendre les années 1990 pour voir émerger des recherches sur l'offre de drogues illicites et les effets de la prohibition et de la répression. Elles furent motivées par le contexte de la « guerre à la drogue » menée par les États-Unis depuis le début des années 1980 et ses résultats peu probants, voire contraires aux objectifs annoncés [1]. L'objet de cette contribution est de présenter la littérature récente en théorie économique étudiant les marchés des drogues illicites et les politiques publiques répressives à travers la conjonction de deux domaines de recherche : la théorie économique du crime et l'organisation industrielle.

1. Pour une étude des politiques publiques en matière de drogue à travers le prisme de l'économie, cf. Poret S., « Les politiques publiques des drogues : vers une analyse économique ? », *Cahier du LORIA*, n° 2004-03, 2004.

## I Méthodologie : un marché illégal

Depuis le milieu du XX$^{e}$ siècle, la vente et l'achat de certains psychotropes sont interdits par des textes de loi dans la majorité des pays. Pour faire respecter ces lois, les autorités mettent en place des moyens pour détecter et punir les contrevenants. Ainsi, l'étude des drogues illicites rentre dans le cadre de l'analyse économique du crime (droit pénal) et de la mise en œuvre des lois (*law enforcement*), qui concerne l'utilisation de ressources pour dissuader, détecter, et sanctionner les crimes [2]. Dans ce sens, les économistes s'intéressent davantage à la répression, qui est la manière dont s'applique la prohibition, principe d'interdiction totale de vente et de consommation. La théorie économique du crime pose que le choix de perpétrer un délit s'analyse comme une décision rationnelle. Face à la possibilité de commettre une infraction, un individu met en balance les bénéfices retirés de celle-ci (par exemple, le bénéfice à ne pas déclarer tous ses revenus au fisc) et les coûts liés à une sanction en cas de détection ou d'arrestation (amende éventuelle en cas de contrôle). Cette analyse des comportements criminels comme le résultat d'arbitrages seulement économiques a été critiquée. S'il est vrai que certaines variables non économiques sont fondamentales pour expliquer certains crimes ou délits, les individus qui interviennent dans les activités criminelles pour lesquelles il y a une demande – stupéfiants, jeux, prostitution – réalisent, dans la mesure où ils agissent librement, un calcul rationnel purement économique. Les activités liées aux drogues illicites relèvent donc pleinement de cette analyse.

Cependant, la théorie économique du crime néglige un aspect important de ce type d'activités. Malgré la prohibition et la répression, des vendeurs et des acheteurs se rencontrent pour échanger ces biens, ce qui définit un marché. L'étude des marchés dits en concurrence imparfaite, *i.e.* lorsque le nombre d'acteurs est limité et que chacun a un certain pouvoir de marché, relève de la nouvelle organisation industrielle. Un trafiquant ou un dealer peut être ainsi considéré comme un entrepreneur, qui cherche à maximiser ses profits en tenant compte de la répression à travers les coûts qu'elle lui impose, mais aussi de la présence de concurrents. Les comportements stratégiques des différents vendeurs doivent donc être pris en compte, puisque les profits de chacun sont influencés par les choix des autres.

## II États des lieux des politiques répressives et des recherches

L'objectif des politiques publiques en matière de drogues illicites, à quelques exceptions près, est la réduction de l'usage. Cette vision se retrouve au sein des instances internationales, puisque la Commission des stupéfiants de l'ONU s'est fixée pour but l'élimination ou la réduction significative de l'offre et de la demande de drogues illicites avant l'année 2008, s'inspirant pleinement de la politique américaine de « guerre à la drogue », visant à réduire la consommation par une forte répression de l'offre.

2. L'économie du crime a été fondée par BECKER G., « Crime and Punishment : An Economic Approach », *Journal of Political Economy*, vol. 76, 1968, p. 169-217.

Or, les politiques publiques répressives anti-drogues menées depuis le début des années 1980 dans de nombreux pays n'ont pas eu les résultats escomptés. Les succès apparents et médiatisés des agences de lutte contre la drogue ne doivent pas cacher la réalité du marché, à savoir une croissance continue de la production et de la consommation de l'ensemble des drogues depuis deux décennies. En effet, même si les études réalisées aux États-Unis mettent en avant une diminution du nombre de consommateurs dans ce pays, la consommation a au contraire augmenté. Les usagers dépendants de la cocaïne et du crack en consomment davantage, tandis qu'une partie des usagers occasionnels sont passés à une gamme de nouvelles drogues de synthèse en pleine expansion. Du côté de l'offre, les procès de quelques grands barons de la drogue après des arrestations spectaculaires, ont bien eu pour effet une relative décartellisation du trafic. Mais, dorénavant, les forces de répression ont à faire face à un grand nombre de petites et moyennes organisations disséminées[3]. Les experts américains, initiateurs de la « guerre à la drogue », ont constaté à la fin des années 1980 le paradoxe suivant : alors que les saisies de cocaïne et d'héroïne étaient de plus en plus nombreuses et représentaient des quantités importantes, les prix d'importation et de détail de ces drogues ont diminué aux États-Unis[4]. Parallèlement, ces stupéfiants sont devenus relativement faciles à acquérir pour les consommateurs américains[5].

Les résultats de ces politiques vont à l'encontre de l'intuition première qui les a suscitées et leur compréhension représente une question majeure pour l'analyse économique. Les responsables des politiques publiques contre la drogue ont mis en place une forte répression de l'offre en supposant qu'une mise en œuvre des lois anti-drogues plus stricte découragerait les vendeurs et les consommateurs. Comme la répression, par les arrestations et les sanctions[6], occasionne des coûts pour les acteurs du marché, toute augmentation de ces coûts devrait induire une augmentation des prix et une réduction des quantités consommées. Or, l'échec de ces politiques répressives tend à indiquer que les agents ne répondent pas aussi directement aux incitations initiées par les autorités.

Une étude factuelle du marché permet de relever certains faits stylisés prégnants. Les entreprises criminelles, qui organisent la production et le transit des produits, mais également les trafiquants et revendeurs, qui réalisent la distribution de ces produits dans les pays consommateurs, se sont adaptés aux conditions imposées par la répression. Ainsi, la structure horizontale (la concentration à un même niveau de la filière) et verticale (les relations entre les différents niveaux des filières) a évolué suite aux politiques répressives mises en œuvre.

Quelques travaux considèrent l'analyse économique théorique de la production et de la distribution des drogues illicites en intégrant le fait que les politiques publiques de lutte contre la drogue, à travers la législation et son application, ont des effets évidents sur les comportements stratégiques des offreurs. Les questions

3. Labrousse A., « Le marché mondial des drogues », *Futuribles*, 22, 1997, p. 23-40.
4. Caulkins J. P., « Dealing With the Country's Drug Problem », *OR/MS Today*, February, 1995, p. 32-40.
5. Lee L. W., « Would Harassing Drug Users Work ? », *Journal of Political Economy*, 101, 1993, p. 939-959.
6. Le terme de sanctions regroupe les amendes et les peines de prison auxquelles on attribue une valeur monétaire représentant les pertes de revenu et un coût psychologique.

posées sont alors les suivantes. Quel est le mode d'organisation des trafiquants ? Comment la répression influence-t-elle les profits des différents acteurs du marché ? Comment s'adaptent-ils à ses effets ? Et dans une approche plus normative, sur quel type d'agent orienter la répression ?

Dans ce cadre, le lien entre les coûts liés à la répression supportés par les vendeurs et les prix de vente des drogues, et donc la consommation, est complexe [7]. L'impact de la détection et des sanctions sur les coûts des vendeurs et sur les prix des drogues est donc analysé et formalisé de différentes manières selon la partie des réseaux étudiée.

## III Les stratégies d'échanges

Toute société désirant diminuer la consommation d'un bien nuisible a deux moyens d'action : réprimer les consommateurs pour diminuer la demande ou réprimer les vendeurs afin d'abaisser l'offre. Par exemple, les autorités répressives des États-Unis semblent privilégier la seconde solution. D'après Eatherly [8], cette stratégie n'est pas la plus efficace. Son raisonnement repose sur le fait que les coûts imposés par la répression peuvent ou non se convertir en coûts monétaires selon l'agent qui les subit. Si la répression porte sur la vente, les vendeurs reportent les coûts pécuniaires et non pécuniaires liés aux amendes et peines de prison sur les consommateurs en augmentant le prix d'offre. La conséquence de cette augmentation est l'accroissement des délits commis par les consommateurs dépendants de ces produits psychotropes. Si la répression porte sur l'achat, la demande diminue directement, mais également le prix, ce qui entraîne une perte monétaire non transférable pour les vendeurs. Comme les consommateurs ne peuvent pas aisément rejeter leurs coûts non pécuniaires (peines de prison) sur d'autres agents, Eatherly préconise donc une répression orientée vers les usagers.

L'erreur de cette analyse réside dans l'hypothèse selon laquelle le marché des drogues illicites se comporte comme un marché légal. Elle ne prend pas en compte des caractéristiques manifestes de ce marché, notamment le fait que des efforts considérables sont réalisés par les acteurs pour réduire le nombre de transactions. En effet, le risque lié à la consommation de drogues illicites prend plusieurs formes. Les acheteurs doivent chercher un vendeur, se mettre d'accord sur un prix avec lui, réaliser la transaction en essayant d'éviter les agents de la répression, transporter la marchandise, et la stocker. Toutes ces étapes représentent des coûts. L'idée principale est qu'en termes de probabilité d'arrestation et de gestion du risque, la transaction est une donnée importante : c'est le moment où la détection est la plus facile. Les usagers de drogues ont une consommation régulière dans le sens où ils maintiennent un stock qu'ils épuisent et réapprovisionnent périodiquement. Cependant, le consommateur de drogues interdites doit faire face à deux causes de sanction : la transaction et la possession. Les risques d'arrestation influencent le niveau du stock

7. Caulkins J. P., « Modeling the Domestic Distribution Network for Illicit Drugs », *Management Science*, 143, 1997, p. 1364-1371.
8. Eatherly B. J., « Drug-Law Enforcement : Should we Arrest Pushers or Users ? », *Journal of Political Economy*, 82, 1974, p. 210-214.

de stupéfiants détenu par les consommateurs et le nombre de transactions. Ce sont des déterminants de la consommation aussi importants que le prix monétaire du produit [9]. Ainsi, lorsque les consommateurs ont à faire face à des peines pour achat de drogue plus lourdes, ils diminuent la fréquence de leurs achats. Cela satisfait les revendeurs, confrontés eux aussi à des peines pour vente de drogue, qui voient ainsi leurs coûts diminuer. Ils sont donc disposés à offrir plus de produits lors d'une transaction. Cette croissance de l'offre est assez importante pour faire baisser le prix d'équilibre et, malgré la baisse du nombre de transactions, pour induire une plus grande consommation. À l'inverse, lorsque les usagers se voient infliger une plus forte peine s'ils sont en possession de produits stupéfiants, ils diminuent leur stock moyen en augmentant la fréquence des transactions avec leurs revendeurs. Ceux-ci vendent moins en prenant plus de risque : ils diminuent en conséquence l'offre. On peut ainsi montrer que les prix de détail des drogues illicites peuvent diminuer malgré une répression plus sévère et que la répression des usagers à travers une peine de transaction est inefficace.

## IV Les réseaux de distribution

Une partie de la littérature s'intéresse plus précisément aux filières de production et de distribution des drogues, en supposant que la consommation est dépénalisée. Une caractéristique avérée du marché des drogues illicites est la structure verticalement séparée des réseaux de distribution (structure pyramidale), surtout pour l'héroïne, la cocaïne, et les drogues de synthèses. Habituellement, la théorie de l'organisation industrielle attribue deux fonctions principales à l'existence d'un intermédiaire entre un producteur et des consommateurs : le regroupement d'un assortiment de produits différents en un même lieu de façon à bénéficier des complémentarités entre les achats des consommateurs et la mise à disposition géographique des produits.

Un autre argument est très pertinent en ce qui concerne la distribution locale des drogues. Le risque d'arrestation est élevé lors des transactions entre chaque maillon du réseau et la forte intermédiation des filières de distribution est due au fait que le risque n'est pas distribué de manière homogène entre les membres d'un même réseau [10]. En effet, lorsqu'un revendeur reçoit la marchandise d'un trafiquant, il peut soit la revendre lui-même aux consommateurs, soit passer par l'intermédiaire d'un consommateur-vendeur. « Il préfère la seconde solution, car s'il revend à son intermédiaire moins cher qu'au consommateur final, il lui vend davantage et dans des conditions de sécurité pour lui bien supérieures [11]. » Cette analyse repose sur l'idée que la probabilité de découvrir une personne impliquée dans le trafic de drogue est fonction du nombre de transactions qu'elle effectue et des agents avec lesquels elle réalise celles-ci. Le risque d'arrestation est le plus fort au niveau du réseau de distribution où le nombre de transactions est le plus élevé et la quantité moyenne

9. Lee, *op. cit.*
10. Kopp P., « La structure de l'offre de drogue en réseaux », *Revue Tiers-monde*, 33 (131), 1992, p. 517-536.
11. De Choiseul-Praslin C.-H., *La drogue une économie dynamisée par la répression*, Presses du CNRS, Paris, 1991, p. 17.

échangée à chaque transaction est la plus faible. Les sanctions elles augmentent avec le niveau du vendeur arrêté dans la filière. Dans ce cas, même si un revendeur voit ses bénéfices diminuer lorsqu'il revend à un consommateur-vendeur au lieu de vendre directement aux consommateurs, ses coûts liés aux risques d'arrestation et aux sanctions seront plus faibles, et cela, surtout lorsque la police oriente principalement ses investigations sur lui [12].

Les coûts supportés par les trafiquants sont différents de ceux subis par les revendeurs, car ces derniers effectuent plus de transactions, mais paient une sanction plus faible en cas d'arrestation, les textes de loi distinguant le rôle du vendeur dans le réseau et les quantités trafiquées. Une autre idée avancée est qu'un vendeur sait de mieux en mieux éviter la détection au fur et à mesure qu'il effectue des transactions sans être pris ; il est plus expérimenté. Avec ces deux hypothèses, il est possible d'expliquer la baisse des prix suite à une hausse de la répression [13]. Lorsque les coûts des revendeurs augmentent à cause d'une répression plus sévère (arrestations plus fréquentes ou sanctions plus lourdes), les trafiquants prévoient que ces revendeurs vont augmenter les prix de détail. Or cela va diminuer les quantités vendues au total par les revendeurs, mais aussi celles achetées aux trafiquants. Pour éviter de voir leurs bénéfices diminuer de trop, les trafiquants peuvent avoir intérêt à vendre des quantités plus importantes à un prix de gros plus faible. Les revendeurs font donc face à des coûts liés à la répression plus élevés, mais aussi à un prix de gros plus faible. Dans certains cas, le prix de détail diminue donc. Lorsque la répression porte sur les trafiquants, ces derniers reportent directement la hausse de leurs coûts sur les revendeurs en augmentant leur prix de gros et l'effet décrit précédemment ne peut pas se produire. Ainsi, une répression plus sévère des revendeurs peut entraîner une diminution des prix de gros et de détail, et donc une augmentation de la consommation des drogues illicites. En revanche, orienter la répression vers les trafiquants est, sous certaines conditions, plus efficace en termes de réduction de l'usage.

## V La décartellisation

Dans l'économie légale, les ententes entre entreprises ou cartels pour fixer les prix, procéder à des soumissions concertées dans des appels d'offres publiques, établir des réductions de la production ou diviser des marchés constituent une violation flagrante et dommageable du droit de la concurrence. Elles portent effectivement préjudice aux consommateurs en augmentant les prix et en limitant les quantités offertes. Dans la sphère illégale des drogues, l'objectif avancé des politiques publiques des drogues est la réduction de la consommation. Il est donc légitime de penser qu'une situation où le marché des drogues illicites est fortement concentré, *i.e.* entre les mains de quelques trafiquants, est plus efficace qu'un marché très concurrentiel.

---

12. PORET S., « La structure verticale d'un réseau de distribution de drogues illicites », Document de travail du CREST, n° 2002-07, 2002, à paraître aux Recherches Économique de Louvain.
13. PORET S., « The Illicit Drug Market : Paradoxical Effects of Law Enforcement Policies », *International Review of Law and Economics*, 22, 2002, p. 465-493.

Malgré cela, les autorités américaines ont jugé opportun de s'attaquer aux grands cartels colombiens, comme Medellín et Cali, qui contrôlaient toute la production de cocaïne, en Amérique Latine, au milieu des années 1980, pensant que leur disparition allait réduire la production. Cette politique répressive n'a non seulement pas fait diminuer la production, mais le nombre de trafiquants a considérablement augmenté. Plusieurs autres cas historiques s'inscrivent dans la même analyse. Par exemple, au début des années 1970, la grande vague d'arrestations visant la « French Connection », qui a assuré pendant longtemps pratiquement toute la transformation et la distribution de l'héroïne à destination de l'Europe et des États-Unis, a réussi à démanteler ce cartel, mais l'héroïne n'a pas disparu et le marché a été repris par des filières plus petites.

L'erreur des autorités répressives est d'omettre que les réseaux peuvent contrecarrer la répression en modifiant la structure du marché, notamment en termes de concentration. Deux articles d'économie théorique, avec des hypothèses différentes, mettent en évidence le fait que face à une répression plus forte, le marché peut se réorganiser et être plus concurrentiel. L'idée est que lorsque les trafiquants deviennent trop gros, c'est-à-dire trafiquent des quantités très importantes, soit les sanctions qu'ils risquent en cas d'arrestation sont très élevées [14], soit la probabilité de se faire prendre est très forte, puisqu'ils sont très connus et très recherchés [15]. Dans les deux cas, face à une répression plus sévère, les coûts que supportent les trafiquants à cause de la répression sont très élevés et leurs profits diminuent. Pour parer à cette situation, ils peuvent se scinder en groupes plus petits ou laisser rentrer de nouveaux trafiquants. Même si cela entraîne une baisse de leur bénéfice, puisque la concurrence est plus forte sur le marché et que les quantités qu'ils vont vendre diminuent, leurs profits peuvent augmenter puisque leurs coûts liés à la répression diminuent, les sanctions escomptées devenant plus faibles. Ainsi, la répression influence la structure du marché de telle sorte qu'elle peut favoriser l'éclatement des organisations criminelles, empêchant ainsi l'émergence d'une structure monopolistique, efficace sur ce type de marché par les faibles quantités qu'elle échange.

## VI Conclusion

Dans les articles présentés ci-dessus, l'approche économique du problème des drogues illicites est positive. Le but de ces travaux est de fournir une analyse des politiques répressives actuelles qui visent à réduire l'usage de stupéfiants et d'expliquer leur échec par des mécanismes économiques. À ce niveau, un consensus apparaît clairement : quelle que soit la forme que peut prendre une répression plus sévère, les vendeurs, quel que soit leur niveau dans les filières, s'adapteront à cette nouvelle donne pour continuer à profiter des énormes gains réalisables, en restructurant le marché.

14. Mansour A., Marceau N., Mongrain S., « Gangs and Crime Deterrence », *CREFE Cahier de recherche*, n° 138, 2002.
15. Poret S., Téjédo C., « Law Enforcement and Concentration in Illicit Drug Markets », *European Journal of Political Economics*, 2005.

L'étape suivante d'une analyse économique de la drogue consiste en une approche normative. L'objectif est alors de formuler les recommandations nécessaires pour doter la société d'un système répressif suffisant pour maintenir la consommation de drogue à un niveau socialement optimal. Ce deuxième type d'analyse est beaucoup plus difficile à mettre en œuvre puisqu'il suppose de pouvoir déterminer ce qu'est un niveau socialement optimal. Cela nécessite la définition d'un objectif clair à chaque politique publique des drogues possible : consommation minimale (en quantité totale ou en nombre d'usagers), réduction des risques liés à l'usage, réduction des dommages liés à la drogue incluant non seulement les préjudices en termes de santé publique, mais aussi les effets de la criminalisation de l'activité de vente et d'achat du produit, dépénalisation, légalisation. L'économiste peut tenter ensuite de comparer les résultats prévisibles des différentes politiques par une analyse coûts-bénéfices de chacune d'elles. Il est alors important de distinguer les dommages créés par les drogues en elles-mêmes de ceux liés à la prohibition et la répression [16]. Cela complique grandement l'analyse et les travaux intégrant cette approche sont encore rares.

16. Cf. pour une discussion plus approfondie PORET S., « L'impact des politiques publiques sur le marché des drogues illicites : approches positive et normative », thèse de doctorat en sciences économiques, Université de Paris I/Panthéon-Sorbonne, 2002, chapitre 9.

Quatrième partie

# ÉVOLUTIONS CONTEMPORAINES DES POLITIQUES PUBLIQUES

# La réduction des risques liés à l'usage de drogues, stratégie de changement des politiques à l'égard des drogues ?

Anne COPPEL

La réduction des risques liés à l'usage de drogues doit-elle être considérée comme un changement de la politique à l'égard des drogues ou n'est-elle qu'une adaptation de son volet sanitaire ? Officiellement, c'est la continuité de l'action publique qui est revendiquée. Les programmes d'échange de seringues, les « boutiques » qui accueillent les usagers de drogues sans exiger leur sevrage, ou le « testing » des drogues de synthèse dans les raves ont été ajoutés au dispositif existant au titre de la prévention du sida. Quant aux produits de substitution, ils ont acquis le statut de *traitement* de la dépendance. En France, quelque 92 000 patients en bénéficient en 2004, 12 000 utilisateurs de méthadone et 80 000 de Subutex®.

Ce dispositif a obtenu des résultats étonnants. Réduction de 80 % de la mortalité par overdoses et de 67 % des interpellations pour usage d'héroïne sont les principales évolutions observées entre 1994 et 1999. Une évaluation nationale montre qu'elles ne sont pas dues à une baisse spontanée de la consommation d'héroïne [1]. Il y a bien une corrélation entre l'accès au traitement et l'amélioration de la santé, la baisse de la mortalité et la baisse des contaminations par le VIH. Sans ces résultats, le dispositif n'aurait pas été maintenu par les gouvernements successifs, qu'ils soient de gauche ou de droite. Car la politique de réduction des risques ne va pas seulement à l'encontre des croyances collectives, elle est contraire dans son principe à la loi de 1970 qui pénalise l'usage de drogues. On ne peut à la fois distribuer des seringues et interdire aux usagers de s'en servir. C'est là une évidence qui a d'ailleurs été un obstacle majeur à la mise en place de ces mesures. Aussi celles-ci ont d'abord eu un statut expérimental, justifié par l'urgence du sida. Puis, compte tenu de ses résultats, le dispositif a acquis un statut officiel en 1999 au titre de la prévention du sida, la contradiction avec la loi de 1970 n'étant toujours pas résolue. *A priori* convaincus que la politique du gouvernement de gauche était laxiste, les sénateurs mènent l'enquête en 2001. À leur tour, ils découvrent des résultats

1. EMMANUELLI J., *Contribution à l'évaluation de la politique de réduction des risques – Système d'Information sur l'Accessibilité au Matériel Officinal d'Injection et de Substitution – Description, analyse et mise en perspective des données de ventes officinales de seringues et de produits de substitution en France de 1996 à 1999*, 2 vol., Paris, Institut de Veille Sanitaire, 2000.

incontestables[2]. Aussi ont-ils proposé et obtenu que le dispositif de réduction des risques acquière un statut légal dans le cadre d'une loi votée en 2004. Les objectifs de santé publique de ce dispositif, inscrits dans un cadre légal, sont désormais légitimés tandis que les contradictions avec la loi de 1970 sont passées sous silence.

Les questions sur la réduction des risques sont nombreuses et difficiles. S'y entremêlent les interrogations scientifiques et les incertitudes du public dont les repères idéologiques sont bousculés. Comment expliquer que la lutte contre le sida ait pu déboucher sur une baisse aussi rapide de la mortalité des usagers de drogues ? Quel rapport y a-t-il entre la lutte contre le sida (objectif officiel de la réduction des risques) et la baisse des interpellations pour usage d'héroïne ? En quoi le « testing » des drogues de synthèse contribue-t-il à la prévention du sida ? Voilà qui n'a rien d'évident ! Pour les spécialistes en toxicomanie, il s'agit là d'un changement radical des pratiques habituelles qui est aussi un bouleversement de leurs croyances. Désormais, la prévention ne doit plus se limiter au « non à la drogue », elle doit aussi s'adresser à ceux qui en consomment afin que leurs choix soient informés. C'est ce qui se pratique depuis toujours dans la prévention de l'alcool et du tabac. Aussi ces produits ont-ils été intégrés dans le dispositif de lutte contre la toxicomanie. Autre révolution dans les esprits, autre contradiction avec le cadre législatif qui, au-delà de la pénalisation de l'usage, fragilise la distinction entre produits licites et illicites.

Ce nouveau statut de l'alcool, devenue drogue légale, allait-il être conservé après le changement de gouvernement ? La question taraudait quelques journalistes. « Rien ne sera changé à la politique des drogues » leur a-t-il été répondu. La réponse semblait difficilement crédible. Un gouvernement de gauche ayant affiché une politique de prévention, un gouvernement de droite, se devait, pensait-on, de prendre des mesures répressives. Avec les lois Sarkozy, les mesures répressives se sont effectivement affichées sans pour autant que la revendication de la santé publique ne soit abandonnée. La prévention prend au contraire un nouveau visage, loin des représentations qui, en France, assimilent volontiers « prévention » et « laxisme ». Qu'il s'agisse de tabac ou de cannabis, la santé publique est invoquée avec une véhémence nouvelle. D'une certaine façon, il s'agit là d'un retour aux sources. Officiellement, la lutte contre la drogue se menait au nom d'impératifs sanitaires mais à vrai dire, la protection de la santé avait été quelque peu oubliée. Au tournant des années 1990, l'épidémie de sida et le scandale du sang contaminé, mais aussi la vache folle et l'amiante ont contribué au retour en force des problématiques de santé publique sur le devant de la scène, faisant surgir du même coup plusieurs interrogations. Cette nouvelle demande sociale est-elle rationnelle ? N'est-elle pas, encore une fois, le masque d'une morale hygiéniste, l'autorité médicale se substituant aux autorités religieuses dans l'imposition d'un ordre moral ? Quelles sont enfin les conséquences de ce retour en force de la santé publique sur les politiques à l'égard des drogues ? S'agit-il d'un changement des politiques ou bien doit-on considérer que les expérimentations générées par la réduction des risques ne font

2. Olin N. et Plasait B. (dir.), *Drogue, l'autre cancer. Rapport de la commission d'enquête sur la politique nationale de lutte contre les drogues illicites*, 2 vol., Paris, Les rapports du Sénat, 2003.

que développer les réponses médicales inscrites dans les dispositifs prohibitionnistes comme alternatives à la répression ?

Pour comprendre les enjeux de ces nouvelles approches, nous nous attacherons à analyser la construction du débat public à l'origine du consensus français sur la « guerre à la drogue ». Nous indiquerons ensuite quelles lignes de force ont contribué à fracturer cet apparent consensus pour aboutir à de nouvelles problématiques et quels ont été les résultats obtenus. Nous analyserons enfin les contradictions auxquelles se heurtent les expérimentations de terrain pour acquérir un statut juridique en France mais aussi en Europe.

## I La construction du consensus politique sur la « guerre à la drogue » : le compromis historique entre conservateurs et libéraux

La « guerre à la drogue » est la politique officielle des Nations Unies. Pour le moment, aucun pays ne s'y est opposé. Le consensus de la classe politique française sur cette « guerre » n'est donc pas surprenant. L'absence durable de débat public sur le sujet est en revanche plus étonnante. Elle résulte d'un compromis historique scellé en 1978, sous la présidence de Valéry Giscard d'Estaing, entre « conservateurs » et « libéraux[3] ». Quelques années auparavant, la loi de 1970 avait été votée par des parlementaires qui entendaient rétablir l'ordre public troublé par les événements de mai 1968. Le « fléau de la drogue » était alors considéré comme symbolique des dérives du libéralisme en matière de mœurs. Ministre de l'intérieur, Raymond Marcellin avait exigé la pénalisation de l'usage de drogues. Les experts consultés par le Ministre de la santé s'y étaient tout d'abord opposés. La mesure fut finalement acceptée lorsque les médecins eurent obtenu une garantie essentielle : grâce à la garantie d'anonymat, la justice ne pourrait exercer aucun contrôle sur leurs pratiques. Il faut noter que, si la loi de 1970 propose le traitement médical comme alternative à l'incarcération, pour les experts consultés à l'époque, ni le traitement médical, ni l'incarcération ne se justifiaient. Selon eux, la consommation de drogues témoin de « la crise des valeurs » ou de la crise d'adolescence était d'abord un problème de société.

En 1978, un rapport officiel rédigé par Monique Pelletier sur « l'ensemble des problèmes de la drogue » pose plusieurs questions-clés : la sévérité de la loi de 1970 est-elle justifiée ? Le « fléau de la drogue » est-il une sérieuse menace pour la santé publique ? La répression est-elle efficace face à la toxicomanie ? Les experts consultés sont unanimes et les réponses négatives du rapport Pelletier sont sans équivoque. La toxicomanie n'est pas un problème de santé publique et le toxicomane n'est pas un malade. Si la société a peur, c'est que le toxicomane remet en cause les valeurs d'effort, de travail et de réussite. Pour Monique Pelletier, le jeune qui consomme du cannabis serait plutôt un déviant. Ni la prison, ni le traitement médical ne sont ici justifiés. Toutefois, ajoute-t-elle, la loi ne peut être abolie dans l'immédiat. Elle rassure une opinion désorientée par la contestation[4].

3. Ces termes doivent être entendus relativement à la question particulière de la politique des drogues.
4. PELLETIER M., *Rapport de la mission d'étude sur l'ensemble des problèmes de la drogue*, Paris, La Documentation Française, 1978.

Tandis que les conservateurs dénoncent le « fléau de la drogue », les libéraux sont persuadés que ce catastrophisme est avant tout dû à la peur du changement. Mais désormais, cette dissension est masquée. Les uns et les autres s'accordent sur un message politique qui se doit d'être rassurant en direction du corps électoral : « Ne vous inquiétez pas. Le gouvernement fait ce qu'il faut. Il s'engage pleinement dans la lutte contre le fléau. » À ce premier message s'en ajoute un deuxième, non moins tranquillisant, à destination de la frange la plus libérale de l'opinion : « Ne vous inquiétez pas. La lutte est purement symbolique. Elle n'a pas d'autre fonction que de restaurer l'autorité de l'État et de marquer une limite à des fins éducatives. »

Rassurés par le rapport Pelletier, les défenseurs des libertés individuelles ont compris qu'ils n'avaient aucun intérêt à mettre en doute la réalité du « fléau », ni l'efficacité de la réponse institutionnelle. La liberté de se droguer ne pouvant se revendiquer, la question des drogues a été mise de côté, abandonnée aux passions populaires et à la démagogie. Le rapport Pelletier avait bien préconisé d'opposer aux peurs irrationnelles une information objective mais la classe politique en tire une tout autre conclusion : puisque, selon les experts, il n'y a pas de véritable problème de santé publique, il n'y a pas nécessité de mettre en place une ambitieuse politique de prévention et de soins. Les conservateurs sont ainsi parvenus à imposer l'alternative répression/laxisme dans le débat public, contraignant du même coup les libéraux au silence, pour autant qu'on puisse difficilement revendiquer publiquement qu'il n'y a pas d'urgence à agir.

« Moins on en parle, moins on y pense et mieux on se porte puisque, dès qu'on en parle, il faut hurler avec les loups ». Tel a été longtemps l'unique bréviaire du parti socialiste et d'une grande partie de la classe politique à droite. Mais le double discours est sans aucun doute la position la plus difficile à assumer. Tandis que la peur progresse dans l'opinion, les gouvernements optent pour un prudent *statu quo* pendant les années quatre-vingt, à une exception notable. En 1986, le gouvernement de Jacques Chirac affiche la ferme volonté d'appliquer efficacement la loi de 1970. Albin Chalandon, alors ministre de la justice, dénombre 500 000 toxicomanes à soigner ou à incarcérer. Dans le débat public, la loi de 1970 s'en trouve renforcée même si, sur le terrain, les spécialistes refusent le traitement obligatoire des usagers de drogues au nom de l'éthique médicale. Il faudra attendre 2002 et l'annonce par Nicolas Sarkozy d'une nécessaire réforme du droit en vigueur pour que l'évidence soit dite : la loi de 1970 n'est pas applicable.

## II La « médicalisation des toxicomanes » à l'épreuve du sida : du tabou de la drogue à la réalité du risque

Pour le professeur Olievenstein comme pour la majorité des experts médicaux, ni la transgression, ni l'errance, ni la détresse ne doivent être médicalisées. Mais si, selon ces experts, la toxicomanie n'est pas une maladie, pourquoi le législateur a-t-il imposé un traitement médical aux usagers de drogues ? À quoi tient cette demande faite aux médecins ? Elle tient, sans aucun doute, au pouvoir qu'a la médecine de légitimer les normes sociales[5]. Ainsi la « guerre à la drogue » est-elle menée au nom de la Science. Pour Thomas Szasz, psychiatre libéral américain, les médecins sont aujourd'hui devenus les grands prêtres d'une véritable religion d'État[6] : la « guerre à la drogue » est une guerre sainte « pour la plus grande gloire de l'État Thérapeutique ». L'inscription de la loi de 1970 dans le Code de la santé publique par le législateur apparaît dans cette perspective essentiellement symbolique. À l'époque, les spécialistes de la santé publique sont très peu nombreux et personne ne songe sérieusement à appliquer sa méthodologie et ses concepts aux problèmes liés aux drogues illicites. Tout au plus renforcera-t-on le credo habituel à l'égard des approches thérapeutiques individuelles.

Il est vrai qu'en 1978, l'usage d'héroïne est presque invisible. Quelques milliers d'utilisateurs au plus selon les experts. Ce diagnostic a pour effet pervers l'absence d'études épidémiologiques tout au long des années quatre-vingt. À cette époque, l'épidémie d'héroïne, que les médias découvrent dans quelques squats parisiens, est considérée par les experts et, à leur suite, par une bonne part de la classe politique, comme une rumeur, la dramatisation médiatique devant être imputée au « sentiment d'insécurité ». Certes, dès 1986, l'épidémie de sida suscite une première interrogation sur les risques sanitaires. En 1987, Michèle Barzach, alors ministre de la santé, autorise la vente libre des seringues afin de prévenir la contamination des usagers de drogue par le VIH. Cette décision politique répondant pour la première fois à une logique de santé publique dans le champ des drogues illicites vaudra à son auteur d'avoir à affronter son propre parti politique, l'opinion publique et même une partie du corps médical. Il faut finalement attendre le rapport Henrion, en 1994, pour que les conséquences de l'épidémie de sida soient prises en compte.

La « défaite de la santé publique[7] » mise en évidence par l'affaire du sang contaminé a contraint les décideurs à une démarche d'expertise jugée jusqu'alors inutile. C'est dans ce contexte politique particulier, sous la menace du sida, que s'ouvre en 1993 un débat public sur la question des drogues. La pénalisation de l'usage est alors contestée et Simone Veil, ministre d'État, pose à une commission d'experts présidée par le professeur Henrion la question de la pertinence de la loi de 1970. La réponse à cette requête est largement décalée : aucun consensus ne se dégage sur la dépénalisation de l'usage. En revanche, la commission recommande que des mesures de santé publique soient prises pour contrer l'épidémie de sida[8]. Le débat public portant exclusivement sur la loi, les médias n'ont pas commenté cette recommandation. Ils ont, en particulier, passé sous silence le diagnostic auquel cette commission a abouti, après une année et demie d'enquête : la situation des toxicomanes est « catastrophique », tant au niveau sanitaire qu'au niveau social.

« *Catastrophe* », le mot paraît violent. Il va à l'encontre du discours rassurant tenu habituellement par les pouvoirs publics. Traditionnellement en France, seuls les par-

5. Sur l'analyse de la médicalisation dans les années soixante-dix, cf. CASTEL R., *La Gestion des risques*, Paris, Minuit, 1981.
6. SZASZ T., *La Persécution rituelle des drogués, boucs émissaires de notre temps*, Paris, Éditions du Lézard, 1994.
7. MOREL A., *La Défaite de la santé publique*, Paris, Flammarion, 1996.
8. HENRION R. (dir.), *Rapport de la commission de réflexion sur la drogue et la toxicomanie*, Paris, La Documentation Française, 1995.

tisans de la répression alertent l'opinion sur le « fléau de la drogue ». Informée par les experts, l'opinion éclairée refuse généralement toute dramatisation, l'expérience montrant que la peur conduit à renforcer la répression. Face au sida, la peur pourrait faire le jeu de l'extrême droite qui réclame des « sidatoriums ». Aussi la première stratégie politique a-t-elle été le silence et les Français resteront longtemps dans l'ignorance de la gravité de l'état de santé des usagers. Faute d'études épidémiologiques, seules les overdoses sur la voie publique sont comptabilisées et la mortalité réelle des toxicomanes n'est pas connue. À l'hôpital comme à domicile, le diagnostic médical fait état de la cause précise de la mort, par exemple l'arrêt cardiaque, sans que celle-ci ne soit comptabilisée comme une conséquence de la prise de drogues. La catastrophe sanitaire est d'autant plus invisible que l'hôpital général refuse les usagers de drogues. Ceux-ci sont orientés systématiquement vers des centres de désintoxication spécialisés où seuls sont admis ceux qui formulent une demande psychothérapeutique. Le processus d'exclusion est tel que les toxicomanes sont longtemps sous-représentés dans les centres hospitaliers, y compris dans les services spécialisés dans le traitement du sida : « ils ne veulent pas se soigner » disait-on à l'époque, alors que dès que les traitements de substitution ont été autorisés, ils ont suivi ces traitements contraignants, comme en témoigne la baisse des 2/3 de la mortalité due au sida.

Il aura fallu attendre la commission Henrion pour qu'un organe officiel pose la question, occultée depuis le rapport Pelletier, du risque sanitaire lié à l'usage de drogues. En 1994, il s'agit exclusivement du risque infectieux. En 1999, cette problématique de santé publique ne se limite plus au sida. Elle est également convoquée en matière de prévention de l'usage de drogues et de soins aux toxicomanes.

Invocation rituelle en 1970, la santé publique fut à l'époque instrumentalisée à des fins morales. Elle fait aujourd'hui un retour en force, alors que le modèle de légitimation du droit par l'autorité médicale cède la place à celui d'une politique des drogues qui se réfère à une rationalité scientifique. Ce n'est pas dire que la santé publique ne puisse, aujourd'hui comme hier, être utilisée dans une perspective morale mais le développement des études scientifiques introduit progressivement une approche plus rationnelle de la prévention, qui désormais, prend également en compte les drogues légales.

## III Méthadone et Subutex® : du refus du « médecin dealer » à la prescription de produits de substitution

En 1992, quelques héroïnomanes se regroupent au sein de l'association ASUD (Auto-support des usagers de drogue), première en France à regrouper des usagers de drogues revendiquant leur consommation de stupéfiants. Dans le sillage des programmes internationaux de lutte contre le sida, cette association demande la mise sur le marché de seringues stériles à destination des usagers de drogues. Elle réclame également la prescription de méthadone, à défaut de distribution contrôlée de morphine ou même d'héroïne. Pour autant, les usagers français refusent de se considérer comme des malades. Ce qu'ils veulent, c'est un produit.

Or, faire du médecin un dealer, c'est précisément ce à quoi se refuse le corps médical. La toxicomanie n'étant pas considérée comme une maladie, la prescription de méthadone n'avait pas de justification médicale ; elle revenait à « donner de la drogue aux drogués ». La plupart des médecins français, y compris les mieux informés, assimilait la méthadone à un outil de contrôle social qui ne pouvait avoir d'autre but que de « protéger le cœur des cités bourgeoises », tout en renonçant à traiter « les véritables causes de la toxicomanie », c'est-à-dire la souffrance psychique[9]. Ce système de croyances, renforcé par une législation punissant sévèrement les médecins considérés comme faibles ou complices, présentait l'avantage de protéger le corps médical contre ces patients encombrants. Et si les praticiens français avaient entendu dire qu'en d'autres pays, la méthadone était, à la même époque, considérée comme un traitement de la toxicomanie, s'informer sur cette pratique thérapeutique leur semblait aussi absurde que de lire les travaux des psychiatres russes justifiant la prescription de neuroleptiques aux dissidents politiques.

Entre 1992, année d'ouverture du débat public sur les traitements de substitution, et 1996, année de mise sur le marché comme médicaments de la méthadone et du Subutex®, les croyances collectives des experts en toxicomanie s'effondrent. Aujourd'hui, la prescription médicale est justifiée par un argumentaire reposant sur l'avancée internationale des neuro-sciences mais l'expérimentation des traitements de substitution est d'abord purement empirique. Les pionniers qui ont accepté de prescrire ont été convaincus de l'utilité de ces traitements par les résultats qu'ils ont pu constater par eux-mêmes, dont, tout d'abord, l'amélioration de la relation avec ces nouveaux patients. Héroïnomanes et médecins ont pu partager un objectif commun : « aller mieux ».

Le médicament devient une drogue si le toxicomane parvient à soutirer le produit au médecin sans rendre compte de l'usage qu'il en fait. La drogue devient médicament si le médecin s'introduit en tiers dans la relation du toxicomane à son produit. Tandis que des médecins ont accepté les toxicomanes tels qu'ils étaient, à savoir consommateurs de drogues, ces nouveaux patients ont accepté de rendre compte de leurs consommations aux médecins, parce qu'ils ont pu le faire sans avoir à mentir ou à se renier. Entre temps, les uns et les autres ont appris que la dépendance à l'héroïne loin d'être une simple affaire de bonne ou de mauvaise volonté, impliquait des processus neuro-biologiques qui doivent être pris en compte : ce n'est pas dire pour autant que l'usager ait perdu toute liberté et doive être considéré comme un esclave.

Progressivement s'est opéré un changement dans les comportements, tant du côté des médecins que du côté des héroïnomanes. Désormais, ces patients « comme les autres » sont reçus par les médecins généralistes et ils ne meurent plus devant les portes de l'hôpital. C'est ce que montre la baisse vertigineuse de la mortalité qui ne se limite pas aux 500 overdoses comptabilisées. Avec les traitements de substitution, toutes les causes de mortalité, des septicémies aux suicides ou accidents, sont réduites. Plusieurs autres facteurs ont contribué à ces bons résultats. Ainsi la réduction des deux tiers de la mortalité des usagers de drogues due au sida tient à l'efficacité des médicaments anti-viraux, mais sans produits de substitution, les

9. Olievenstein C., « Le toxicomane apprivoisé », *Le Monde Diplomatique – Manière de voir (Sociétés sous contrôle)*, n° 56, mars-avril 2001.

héroïnomanes auraient eu les plus grandes difficultés à suivre ces traitements contraignants. Autre facteur favorable, l'âge et la durée de la dépendance des héroïnomanes ont progressivement évolué. Après une dizaine d'année de vie chaotique et violente durant les années 1980, les héroïnomanes sont devenus demandeurs de soin tandis que l'héroïne a perdu de son pouvoir d'attraction auprès des plus jeunes. La désaffection progressive à l'égard de ce produit a certainement contribué à la baisse du nombre d'overdoses, même si celle-ci est directement corrélée à l'accès au Subutex® comme le démontre l'évaluation nationale.

Pour la médecine positiviste, ces bons résultats démontrent que les héroïnomanes sont des malades devant être soignés. Pour les anti-prohibitionnistes, les mêmes résultats apportent au contraire la preuve qu'il faut donner aux usagers de drogues un accès direct aux stupéfiants utilisés. Les uns et les autres ont d'excellents arguments. S'il est vrai que la dépendance à l'héroïne est une maladie chronique, il est également acquis que le caractère illégal de ce produit génère des risques nombreux liés, entre autres, aux produits frelatées et à l'absence d'hygiène lors des injections clandestines. Cependant, il ne suffit pas de prescrire un médicament ou de mettre un produit en vente libre pour réduire de manière certaine les risques sanitaires. Ainsi la codéine en vente libre en France, s'est agrégée aux drogues illicites sans modifier les risques sanitaires et sociaux. Réduire les risques suppose que les héroïnomanes changent de comportement. C'est ce qui s'est passé avec la politique de réduction des risques qui a fait appel à la responsabilité individuelle. Contre toute attente, cet appel ne s'est pas fait en vain.

Le Subutex® dont les dérives sont dénoncées aujourd'hui est-il devenu une drogue ? Sans doute, le produit est-il accessible sur le marché noir. Sans doute y a-t-il des médecins qui n'ont pas su instaurer une relation thérapeutique. Mais contrairement à ce qui se dit, il s'agit là d'une minorité. Si le Subutex® était seulement une drogue, il n'y aurait eu ni baisse de la mortalité, ni baisse de la délinquance. Le large accès aux soins a été la condition de la réussite. Des mesures de contrôle sont certainement nécessaires, mais elles doivent préserver la qualité de la relation clinique, car c'est dans cette relation que la drogue, domestiquée, devient médicament.

## IV La réduction des risques, une politique de santé publique fondée sur la responsabilité

Le changement des croyances est passé par un changement des relations entre les médecins prescripteurs et les usagers d'héroïne. Au cours des années quatre-vingt, des prescriptions médicales illégales furent expérimentées par des médecins isolés. L'année 1992 marque un tournant : pour la première fois, des médecins revendiquent le droit de prescrire et ouvrent un débat public tandis que le concept de « réduction des risques » s'introduit en France. Cette politique avait été mise en œuvre, dès 1987, en Grande-Bretagne et elle est expérimentée en France à partir de 1992 par quelques acteurs réunis au sein d'un collectif « Limiter la casse ». Militants associatifs de la lutte contre le sida ou des organisations humanitaire, médecins, usagers de drogues et chercheurs y ont confronté leurs expériences, personnelles ou professionnelles. De cet échange est né une expertise à l'origine des nouveaux dispositifs qui se développent un peu partout en France entre 1993 et 1994, des programmes d'échange de seringue aux « boutiques » accueillant les usagers de drogues. Il aura fallu une dizaine d'années pour que s'impose cette nouvelle approche fondée sur la responsabilité des consommateurs de stupéfiants plutôt que sur l'autorité de l'État.

Si le principe de responsabilité individuelle a été reconnu, c'est qu'il régit la prévention du sida. Face à cette maladie, les homosexuels avaient rapidement adopté le préservatif; mais faire appel à la responsabilité du toxicomane a longtemps été tout simplement impensable. Pourtant, dès 1986, une étude menée à New York auprès des héroïnomanes de rue montrait que 60 % d'entre eux avaient adopté la seringue à usage personnel[10]. Cette étude a contribué à la conceptualisation d'unz nouvelle politique des drogues dans les pays anglo-saxons : il n'y aurait pas eu de réduction des risques si les héroïnomanes n'avaient apporté la preuve qu'ils pouvaient protéger leur santé.

Appliqué à l'usage de drogues, ce principe de responsabilité donne à l'usager le choix de sa stratégie de prévention : arrêt de la consommation, arrêt de l'injection, éventuellement avec l'aide de la méthadone, ou bien utilisation de seringues stériles. Cette démarche repose sur un raisonnement simple : il vaut mieux ne pas consommer de drogues, mais si certains en consomment néanmoins, il convient de les encourager à utiliser les produits les moins dangereux dans un cadre sécurisé. L'injection d'héroïne par voie intraveineuse est bien sûr déconseillée mais ceux qui ne peuvent y renoncer doivent avoir accès à des seringues stériles. Cette démarche qui exclut toute diabolisation donne aux consommateurs un nouveau statut : hier « toxicomane » (c'est-à-dire maniaque du toxique), l'usager est devenu « un patient comme les autres ». Désormais il revendique le statut de « citoyen comme les autres », ce qui impliquerait de renoncer à la pénalisation de l'usage de stupéfiants puisqu'elle fait du consommateur de drogues un délinquant[11].

Le raisonnement de la réduction des risques est celui de toute stratégie de prévention. Mais dans le domaine des drogues, ce raisonnement est en contradiction avec les politiques prohibitionnistes nationales et internationales dont l'unique objectif est l'éradication des usages non médicaux de stupéfiants. C'est donc de manière encore largement souterraine que s'élabore cette nouvelle démarche; car avant d'être une politique, il s'agit bien d'une démarche qui s'expérimente en fonction de la réalité des risques liés aux drogues. En France comme dans nombre de pays européens, elle a été mise en œuvre en dehors de tout cadre juridique. Aujourd'hui, elle a acquis un statut légal dans le cadre de la santé publique mais elle n'a pas modifié pour autant le dispositif législatif de lutte contre la drogue. Au-delà du statut juridique, le dispositif institutionnel est affaiblie par le recul des politiques sociales et sanitaires ainsi que par la montée de la demande sécuritaire. Aussi reste-t-il très fragile.

---

10. STIMSON G., DESJARLAIS D. and BALL A. (éd.), *Drug Injecting and HIV Infection*, Geneva, World Health Organization, 1998.
11. L'Association nationale des intervenants en toxicomanie (ANIT) et le Conseil national du sida, tous deux impliqués dans la politique de réduction des risques, ont logiquement pris position contre cette pénalisation de l'usage. Cf. not. le rapport 2002 du Conseil national du sida, *Les risques liés aux usages de drogues comme enjeu de santé publique. Propositions pour une reformulation du cadre législatif.*

La politique de réduction des risques n'aurait pu s'imposer si elle n'avait pas fait la preuve de son efficacité. Aujourd'hui, 3 % des cas de sida sont dus à l'injection intraveineuse alors qu'en 1990, le pourcentage était d'environ 30 %. Il y a bien eu changement de comportement des héroïnomanes. Il y a eu parallèlement changement de comportement des médecins. Cela ne veut pas dire que le principe de réduction des risques soit facilement acceptable ; c'est même le contraire puisqu'il va à l'encontre du dispositif de lutte contre la drogue et des croyances collectives qui le justifient. La démarche, essentiellement pragmatique, se propose d'apporter des solutions concrètes à chacun des problèmes que posent les usages et surtout les abus. Tel est le sens des expérimentations développées sur le terrain un peu partout en Europe, telles les prescriptions médicalisées d'héroïne, la vente contrôlée de cannabis, les salles d'injection. Aucune de ces expérimentations ne prétend résoudre « le » problème de « la » drogue. Il n'y a pas, en la matière, de réponse magique, contrairement à ce que laisse croire l'illusion prohibitionniste. Foncièrement réformiste, la démarche de réduction des risques recherche les améliorations qui peuvent être mises en œuvre immédiatement. Pour le moment, cette nouvelle approche se révèle le seul frein à l'escalade continue de la répression. Car la « guerre à la drogue » fait rage. Elle remplit pour moitié les prisons du monde. Cette situation désastreuse doit faire place à de nouveaux modes de gestion de la question des drogues. Ceux-ci doivent être expérimentés en fonction de la nature des produits, des usages et des populations. À chaque fois, un débat public est nécessaire. Il doit permettre de déterminer ce qui relève des libertés individuelles et ce qui relève du contrôle nécessaire des pouvoirs publics. Car la réduction des risques est aussi une démarche de négociation dont l'objectif est une co-existence plus pacifique entre ceux qui consomment des drogues et ceux qui n'en consomment pas. Bon gré, malgré, nous devons co-exister avec les drogues – et avec ceux qui en font usage. Civiliser les drogues, c'est civiliser à la fois ceux qui se droguent et ceux qui ne se droguent pas[12].

12. Coppel A., *Peut-on civiliser les drogues ? De la guerre à la drogue à la réduction des risques*, Paris, La Découverte, 2002.

# Une alternative à la prohibition des drogues : la légalisation contrôlée

Francis Caballero

La prohibition des drogues, ou plus exactement celle des plantes et substances stupéfiantes, est une vieille dame malade dont la fin semble historiquement proche. Mais il ne suffit pas de prévoir sa disparition, encore faut-il la remplacer par une alternative crédible. Et la seule qui présente une cohérence égale à celle du système prohibitionniste, qui appréhende les drogues depuis leur production jusqu'à leur consommation, est la *légalisation contrôlée*.

Avant de comparer les avantages et inconvénients des deux systèmes – prohibition ou légalisation – un bref retour historique sur les origines de la législation actuelle est indispensable.

La prohibition des stupéfiants n'a pas toujours existé ; elle a une durée de vie très inférieure à celle de la tolérance à leur égard. Pendant plusieurs siècles, les trois principales plantes prohibées (cannabis, coca, opium) ont été produites et consommées sans problème.

Le cannabis est connu depuis la plus haute Antiquité pour sa propriété d'engendrer une ivresse particulière, et l'habitude de fumer sa résine ou « haschich » est courante au Moyen-Orient dès le XII^e^ siècle. La feuille de coca est la plante sacrée des Incas, et son utilisation est signalée trois mille ans avant Jésus-Christ. Comme elle soulage de la fatigue et de la faim, sa mastication, d'abord condamnée par l'Église, est autorisée en 1553 pour augmenter la productivité des *coquéros* qui travaillent dans les mines d'étain. L'opium enfin est utilisé depuis Hippocrate et Galien comme un médicament universel, puis par Thomas de Quincey[1] et Baudelaire[2] comme « paradis artificiel ». Mais si en Occident les « mangeurs d'opium » restent limités à un cercle relativement restreint, en revanche en Orient les « fumeurs d'opium » sont extrêmement nombreux, en particulier en Chine où ils posent vers 1830 un problème de santé publique.

C'est alors qu'intervient la première guerre de la drogue, une « sale guerre coloniale » peu reluisante. Elle est menée par l'Angleterre et la France contre la Chine, qui s'oppose aux importations d'opium sur son territoire en provenance des Indes franco-anglaises. À la suite de la saisie d'une cargaison de 20 000 caisses d'opium

1. De Quincey, *Les confessions d'un opiomane anglais*, Gallimard, 1962.
2. Baudelaire, *Les paradis artificiels*, Le livre de poche, 1992.

sur un navire anglais dans le port de Canton, l'Angleterre victorienne déclare la guerre à l'empire chinois « au nom de la liberté du commerce des mers ». Elle est rapidement victorieuse et la « guerre de l'opium » conduit au traité de Nankin de 1842. Un traité humiliant pour le vaincu qui doit rembourser la marchandise saisie, ouvrir cinq ports aux importations d'opium et céder l'île de Hong Kong. Les exportations d'opium franco-anglais vers la Chine s'organisent donc à grande échelle pendant près de soixante-dix ans avec la bénédiction des autorités politiques et religieuses. D'ailleurs la France elle-même organise ce commerce dans ses colonies au moyen d'une Régie indochinoise des opiums, complétée pour le haschich par des régies marocaines et tunisiennes du *kif* et du *takouri*[3].

L'entrée en lice des États-Unis va complètement modifier les données du problème. Sous l'impulsion des églises anglicanes, et notamment de Mgr Brent, archevêque de Manille, l'Amérique puritaine prend la tête de la croisade mondiale pour la prohibition de l'opium. Elle en profite pour voter des lois ouvertement racistes contre la colonie chinoise, les *exclusions laws*, et faire adopter, sur le plan international, une première Convention à La Haye en 1912, qui marque le point de départ du contrôle actuel des stupéfiants.

Longtemps combattu par la France et l'Angleterre, ce contrôle devra attendre jusqu'à la Convention Unique de 1961 pour voir les États-Unis imposer au monde leur ordre international : *une prohibition générale et absolue de toute culture, de toute production, de tout commerce et de tout usage des plantes ou substances classées comme stupéfiants*. Et parmi elles, les trois principales drogues naturelles du Tiers Monde (pavot à opium, feuille de coca, cannabis), et leurs dérivés semi-synthétiques (morphine, héroïne, cocaïne, haschich…). On ne peut s'empêcher de noter que le droit de la drogue présente une étrange logique Nord-Sud, où les drogues du Nord (tabac, alcool, produits pharmaceutiques) sont encouragées, voire ritualisées, et les drogues du Sud (opium, coca, cannabis) sont combattues, voire diabolisées.

La logique prohibitionniste va d'ailleurs s'étendre à de nouvelles substances, et se renforcer par de nouvelles contraintes, relayées au niveau national par des lois de plus en plus sévères. La France n'est pas en reste avec ce mouvement. Elle va adopter, à partir de la loi du 31 décembre 1970 relative à la lutte contre la toxicomanie, des textes répressifs de plus en plus exorbitants du droit commun, et ce aussi bien en ce qui concerne l'usage (art. L. 3421-1 du Code de la santé publique) que le trafic (art. L. 222-34 *sqq.* du Code pénal) de stupéfiants. Elle dispose aujourd'hui d'un arsenal législatif redoutable, relayé par une rigueur jurisprudentielle sans précédent, et des services de police et de douanes sous pression constante, pour mener la « guerre contre la drogue », déclarée au plus haut niveau de l'État.

Or en dépit de cette armada judiciaire, policière et douanière, les résultats se font attendre. Le bilan du système prohibitionniste et répressif invite donc à s'interroger très sérieusement sur le bien-fondé de la poursuite des idéaux qui le fondent, compte tenu des effets pervers grandissants de la « logique de guerre ».

---

3. Sur la question, cf. BISIOU Y., *Les monopoles de stupéfiants*, thèse, Paris X, 1994.

## I La prohibition ou la « Guerre contre la drogue »

La prohibition repose sur un principe simple : *la suppression de l'offre* de toute substance stupéfiante. En un mot pas de drogue, pas de drogué. Le système a sa logique qui n'est pas sans mérite. Les vertus sociales de l'*abstinence* sont en effet évidentes.

L'abstinent ne fume pas, ne prise pas, ne se pique pas, etc. Il est un exemple de sagesse. Il sait résister à la tentation des plaisirs faciles. Il ne dilapide pas son argent en substances enivrantes ou toxiques. Il ne cause aucune gêne à autrui. Il n'expose pas sa santé et la tranquillité de ses proches en habitudes néfastes. Il ne coûte rien aux organismes sociaux. Il respecte les lois prohibitives conformes à son éthique. Bref, il est un citoyen modèle.

Un modèle de tempérance et d'abstinence très en vogue chez les prohibitionnistes du début du siècle, qui vont appliquer leurs idées d'abord à l'alcool avec le résultat que l'on sait, puis aux stupéfiants. Ceux-ci représentent désormais pour eux « le mal absolu », l'interdit moral majeur, le dernier grand « tabou » du monde occidental...

Le problème est que cette morale, si elle est adaptée à un cadre familial ou religieux, n'est pas forcement appropriée dans un cadre étatique. Si on peut parfaitement la concevoir comme un idéal naturel ou chrétien, elle est beaucoup plus discutable comme norme de comportement imposée par l'État à ses citoyens.

L'idée d'abstinence forcée est d'ailleurs vigoureusement combattue dès le XIX<sup>e</sup> siècle. Ainsi Stuart Mill, l'auteur du fameux essai sur *La liberté*, estime que « le seul but pour lequel la force puisse être rationnellement exercée sur un membre d'une société civilisée, contre sa volonté, est de l'empêcher de faire du mal aux autres. Sur lui-même, sur son propre corps et sur son esprit, l'individu est souverain... Chacun est le seul gardien de sa santé morale, physique et intellectuelle ». Et Mill s'oppose aux prohibitions de l'alcool et de l'opium envisagées à son époque, au nom de *la liberté de faire tout ce qui ne nuit pas à autrui*[4].

Cette idée est d'ailleurs consacrée par l'article 4 de la Déclaration des droits de l'Homme qui définit la liberté comme « le pouvoir de faire tout ce qui ne nuit pas à autrui » et par l'article 5 selon lequel la loi ne peut interdire « *que* les actions nuisibles à la société ». *A contrario*, cela signifie que l'on peut se nuire à soi-même dès qu'on ne trouble pas l'ordre social.

Cette restriction conduit précisément les prohibitionnistes à soutenir que la toxicomanie coûte cher à la société tenue de prendre en charge les coûts sociaux des drogués. Celle-ci serait donc en droit d'imposer à ses citoyens des limites à l'utilisation de leur propre corps, dans l'intérêt général, et notamment de celui de la Sécurité sociale. *Le fondement sanitaire de la prohibition*, dans lequel l'État remplit cette fois sa fonction normale, viendrait donc aujourd'hui relayer le fondement moral.

---

4. Dans le même sens : GRINSPOON et BAKALAR, *Drug control in a free society*, Cambridge, Cambridge University Press, 1984 ; Actes du colloque de Nanterre, *Drogues et droits de l'homme*, Paris, Les empêcheurs de penser en rond, 1992.

La protection de la santé publique justifie sans aucun doute l'intervention de l'État en matière de toxicomanie. La tendance au prosélytisme des usagers de drogue, les risques de contagion psychosociale de leurs pratiques, et plus prosaïquement *les risques d'abus dangereux pour la société*, suffisent à justifier une politique de prévention.

Mais la véritable question est de savoir si cela suffit à justifier une politique fondée sur l'interdiction générale et absolue de tout usage, même solitaire et privé, par tout individu majeur, sous peine d'un emprisonnement d'un an. Or c'est précisément ce que prévoit l'article L. 3421-1 du Code de la santé publique, en assortissant toutefois la menace répressive d'une alternative sanitaire : *l'injonction thérapeutique*. En clair l'usager de drogue dans la loi française est *soit un délinquant, soit un malade*. Les textes (Code de la santé publique, Troisième partie, Livre IV, Titre premier) le qualifient même de « toxicomane », c'est-à-dire selon la définition internationale, de personne en état de « dépendance physique », désireuse de se procurer la drogue « par tous les moyens ». En résumé le fondement sanitaire de la prohibition est la présomption irréfragable qu'en matière de stupéfiants *tout usage dégénère nécessairement en abus*.

Or il s'agit d'une erreur majeure qui démontre l'ignorance du législateur sur la réalité des pratiques d'usage de drogues illicites. Car le raisonnement assimile à tort *les drogues dures engendrant la toxicomanie aux drogues douces ne suscitant que l'accoutumance*. Un état où l'on reste libre de s'arrêter sans souffrir du « manque ». Si bien que plus de 90 % des usagers visés par la loi, et en particulier les fumeurs de cannabis ou de haschich, sont traités comme des héroïnomanes, justiciables d'une cure de désintoxication.

Mais même pour les usagers de drogues dures (héroïne, méthadone, cocaïne...), il n'est pas certain que le régime prohibitionniste et répressif soit la meilleure façon de protéger la santé publique. En marginalisant les toxicomanes, il contribue à la propagation de maladies extrêmement dangereuses, comme l'hépatite et le Sida, et conduit à la prostitution et à la délinquance. Il fait supporter les coûts sanitaires et sociaux à la collectivité des citoyens (mêmes non usagers), alors que le financement de ces coûts sociaux peut trouver une solution plus juste et plus élégante, grâce à une taxation des seuls usagers. Bref, le fondement sanitaire et social vacille.

Indépendamment de ces critiques théoriques concernant les fondements mêmes de la prohibition, les reproches les plus sérieux se concentrent aujourd'hui sur ses effets pervers, qui deviennent menaçants pour les États démocratiques.

*Sur le plan économique, la prohibition est l'alliée objective des trafiquants.* En suscitant la rareté des produits, elle fait la fortune du crime organisé. Cartels et mafias profitent des prix prohibitifs qui rendent l'héroïne et la cocaïne dix fois plus cher que l'or. Le *narco-business* est tellement profitable que des masses énormes de liquidités provenant du trafic doivent être recyclées dans les circuits financiers. D'où le blanchiment de l'argent de la drogue, qui contamine le système bancaire, compromis dans de douteuses opérations de recyclage. Un phénomène d'autant plus inquiétant qu'il est pratiquement impossible de l'empêcher au plan international, tant les possibilités d'utilisation des paradis bancaires sont largement ouvertes.

*Sur le plan social, la prohibition est le moteur essentiel de la délinquance.* Pour se procurer leurs doses journalières, les toxicomanes *doivent* en effet commettre un certain nombre d'agressions contre les personnes et les biens. D'où les arrachages de sacs de vieilles dames, les cambriolages, les vols d'autoradios, les casses de pharmacie, sans oublier le deal... et la prostitution. La guerre contre la drogue suscite la violence urbaine : l'exemple des États-Unis qui la mènent avec la plus grande vigueur est là pour le montrer.

*Sur le plan juridique, le couple prohibition-répression menace les droits de l'Homme.* Incapable d'intercepter plus de 5 à 10 % des drogues en circulation, l'autorité répressive « s'énerve ». Elle en vient à adopter des dispositions de plus en plus exorbitantes du droit commun (garde à vue de quatre jours, perquisition de nuit, primes à la délation, provocation policière, etc.), dont certaines sont d'une constitutionnalité douteuse, comme par exemple la répression de l'usage. De plus l'usager est généralement poursuivi comme détenteur, revendeur ou importateur. Il risque alors dix à vingt ans de prison. On en arrive ainsi à menacer la jeunesse, au lieu de la protéger. D'autant que la grande majorité des interpellations concernent le haschich. *La guerre contre la drogue est avant tout une guerre au cannabis*, pourtant moins nocif que le tabac ou l'alcool.

*Sur le plan sanitaire enfin*, le dévoiement du système prohibitionniste est plus grave encore. Il est tout d'abord *responsable de la plupart des décès par overdose*, dus à la mauvaise qualité des produits de coupage (strychnine...) ou aux différences de concentration des substances. Il est ensuite à l'origine de pratiques sanitaire désastreuses, comme le partage des seringues, propagatrices de l'hépatite et du Sida. L'interdiction de la vente des seringues en pharmacie, trop tardivement abrogée, est responsable de la séropositivité de plusieurs centaines de personnes, contaminées entre 1985 et 1987.

La liste des effets pervers de la prohibition des stupéfiants n'est d'ailleurs pas close. On peut y ajouter le financement du terrorisme, la corruption des polices, l'engorgement des prisons, le coût grandissant de la lutte contre le trafic, l'irrespect généralisé de la loi, le harcèlement de la jeunesse, le racisme latent des politiques antidrogues, l'appauvrissement des paysans du Tiers Monde, etc.

C'est pourquoi un certain nombre d'intellectuels et de praticiens spécialistes de toxicomanie (juristes, médecins, psychologues...) se déclarent aujourd'hui ouvertement antiprohibitionnistes. Sur le plan international, ils ont constitué une ligue antiprohibitionniste (LIA). En Europe s'est développé de façon pragmatique, une politique alternative de « réduction des risques ». En France enfin s'est crée en juin 1993 le Mouvement de légalisation contrôlée (MLC), qui se donne pour but de promouvoir une politique « alternative à la prohibition et à la répression des stupéfiants en s'efforçant de concilier le respect des libertés individuelles avec la protection de la collectivité ». C'est cette politique alternative qui vise à lutter contre l'*abus* des drogues, dont il convient maintenant de définir les grandes lignes.

## II La légalisation contrôlée ou « la lutte contre l'abus des drogues »

La légalisation contrôlée peut se définir comme « la lutte civile contre l'abus des drogues ». À la différence de la prohibition, elle ne repose pas sur une *morale de l'abstinence*, idéale et irréaliste, mais sur une *morale de la modération*, plus pragmatique et humaine.

En clair le droit nouveau dont la reconnaissance est proposée est le *droit d'absorber volontairement des substances psychoactives pour se procurer des sensations*. Un droit conforme à la Déclaration des droits de l'homme pour qui, rappelons-le, « la liberté consiste à pouvoir faire tout ce qui ne nuit pas à autrui » (art. 4) ou à la société (art. 5). Un droit déjà reconnu pour d'autres substances toxiques comme le tabac, l'alcool ou les tranquillisants. Certains hommes préfèrent fumer, boire, priser, avaler des pilules ou se piquer, au risque de mourir jeunes. D'autres choisissent d'être abstinents pour pouvoir vivre plus longtemps. C'est un choix personnel, une question de liberté individuelle.

Ce droit naturel de se « faire plaisir » ou de se nuire à soi-même, est cependant encadré par une double limite à valeur éternelle : *ne pas nuire à autrui ou à la société*. Car la légalisation est contrôlée : elle reconnaît la liberté relative de l'usage, à son domicile privé, d'un majeur consentant, mais elle combat les abus préjudiciables aux tiers, à la jeunesse ou à l'État.

*La lutte civile contre l'abus des drogues est en effet entourée de divers contrepoids sanitaires et sociaux qui constituent les axes de la nouvelle politique de prévention*. On peut les résumer en trois volets : usage discret, incitation prohibée et commerce passif[5]. Les Anglo-Saxons utilisent pour leur part le triptyque : légaliser, contrôler, décourager. Les termes peuvent varier, ce qui importe est l'intention commune de mettre fin, au moins partiellement, à la prohibition de stupéfiants, par une distribution contrôlée des substances pour lesquelles la répression a échoué.

Car la légalisation contrôlée *suit* la prohibition, elle ne la précède pas. Inutile de légaliser des substances pour lesquelles le système actuel fonctionne. Parmi la centaine de substances prohibées, toutes ne font pas l'objet d'abus. Qui connaît en France le cétomébidone ou la phencyclidine ? Au surplus cette dernière, plus connue sous le nom de PCP ou « poudre d'ange », est socialement dangereuse. Elle rend ses utilisateurs fous furieux et insensibles à la douleur. D'où des actes d'agression ou d'automutilation. On voit mal l'intérêt de légaliser une telle substance, inconnue dans notre pays, et dont l'usage même non abusif est nuisible aux tiers.

En bonne logique la législation devrait s'appliquer aux produits dont la consommation est devenue un fait de société. C'est-à-dire en priorité aux trois grandes drogues naturelles du Tiers Monde : opium, coca, cannabis et à leurs dérivés (héroïne, morphine, cocaïne, haschich...), qui représentent l'essentiel du marché mondial. Pour avoir un sens, elle doit se faire *produit par produit* de façon séparée, et pour chaque produit sur l'ensemble de la gamme, depuis la plante naturelle sur les lieux de production jusqu'aux dérivés semi-synthétiques sur les lieux de consommation.

Cela implique évidemment une modification du droit international, mais celle-ci est moins révolutionnaire qu'il n'y paraît. Il suffit d'ajouter deux mots à la Convention unique de 1961, pour que l'on revienne au *contrôle international sans prohibition* qui prévalait avant 1931[6]. Un contrôle qui permettait, notamment à la France, d'exploiter des monopoles de production d'opium et de haschich. En ajou-

5. Caballero F. et Bisiou Y., *Droit de la drogue*, Paris, Dalloz, 2000, p. 130 *sqq*.
6. C'est la Convention de Genève de 1931 qui pose de façon nette, pour la première fois, le principe de limitation des stupéfiants aux seuls usages médicaux ou scientifiques.

tant à l'article 4 de la Convention, qui limite le commerce des stupéfiants aux seules « *fins médicales ou scientifiques* », les mots « *ou autres* », le texte devient adaptable à la légalisation contrôlée. Il permet de conserver la partie préventive de la Convention Unique, laquelle fonctionne infiniment mieux que sa partie répressive.

En clair le commerce licite des stupéfiants à des « fins médicales, scientifiques ou autres » se fait de monopole de production dans les pays producteurs à monopole de distribution dans les pays consommateurs. Il est donc confié aux États, ce qui est un choix très discuté.

Le choix de l'État n'est évidemment pas neutre, mais il se justifie à un triple point de vue. Tout d'abord sur le plan international, il permet d'utiliser un instrument de contrôle de nature à contrer les trafiquants, en organisant le commerce entre États producteurs et États consommateurs. Ensuite sur le plan administratif, l'État est bien placé pour organiser dans l'intérêt de la collectivité « les marchés du vice » en supprimant les risques de guerre commerciale. Enfin sur le plan sanitaire, l'État ne tient évidemment pas à supprimer ses ressortissants, ce qui le conduit à orienter la demande vers les drogues douces en réduisant celle des drogues dures. Il convient toutefois d'ajouter une précision capitale. Le monopole d'État ne doit pas être un monopole à finalité économique et fiscale, comme les anciennes régies coloniales des stupéfiants, mais *un monopole à but sanitaire et social* dont la théorie reste à faire.

Ces considérations générales précisées, il reste maintenant à exposer les bases d'un système de légalisation contrôlée des stupéfiants.

Les principes directeurs de la légalisation contrôlée visent à réglementer des substances susceptibles d'abus en s'efforçant de concilier le respect des libertés individuelles et les intérêts légitimes de la société. Cette réglementation doit donc être envisagée sous deux angles, celui du citoyen consommateur et celui de l'État producteur, distributeur et contrôleur.

Le citoyen consommateur n'est plus, dans un système de légalisation contrôlée, un délinquant ou un malade. Il est un *client* du monopole ou du service sanitaire de l'État, un simple consommateur comme celui qui achète des cigarettes dans un bureau de tabac ou des médicaments dans un dispensaire. Il est donc considéré comme un individu normal, sans doute affecté d'un « vice » comme le jeu ou la boisson, mais « les vices ne sont pas des crimes ». La société les tolère tant qu'ils ne nuisent pas à l'ordre et à la moralité publique. C'est pourquoi l'usage est interdit dans les lieux publics, au volant, et en tout état de cause, réservé aux majeurs.

*L'interdiction de tout usage dans les lieux publics*, critiquée par certains libertaires, s'impose pour deux raisons impérieuses. La première est d'éviter la rencontre entre usagers et non-usagers avec les risques de conflits ou de prosélytisme qu'elle comporte. Elle permet de profiter d'un des rares avantages de la prohibition, la clandestinité, qui devient *discrétion* dans la légalisation contrôlée. La seconde raison tient à la protection de la vie privée. Le fait d'absorber telle ou telle substance relève du droit de chacun sur son propre corps, bref de sa plus profonde intimité. Cette pratique fait partie des agissements de la vie courante qui ne se pratiquent pas en public.

*L'interdiction de tout usage au volant* est le corollaire de la nouvelle liberté. Dès lors qu'il est prouvé qu'une substance a un effet dangereux sur la conduite automobile, il n'y a aucune raison de la traiter différemment de l'alcool. Si l'on suppose résolus les délicats problèmes du dépistage, l'ivresse cannabique, cocaïnique ou morphinique doit être réprimée comme une circonstance aggravante de la mise en danger de la vie d'autrui à la manière de l'ivresse alcoolique. Il ne faut donc pas confondre « légalisation contrôlée » et « dépénalisation ». À la différence de la seconde, la première conserve un droit pénal, plus sophistiqué, moins rigoureux, et mieux adapté à la dangerosité des produits. Il vise seulement à prévenir les comportements antisociaux, non à faire régner l'ordre moral.

*L'interdiction de vente aux mineurs* complète la panoplie des gardes fous concernant l'usage. Elle se justifie par le souci de protéger la jeunesse à qui il est conseillé d'attendre sa majorité pour maîtriser sa consommation. En clair la drogue, c'est un « truc d'adulte » qu'il convient de commencer avec un minimum de maturité, un peu comme la conduite automobile. Au surplus ne pas fixer d'âge minimum, même s'il ne s'agit que d'une majorité qualifiée, c'est accepter de vendre à de jeunes enfants, ce qui est impensable. L'objection selon laquelle, cette limite conduirait à un nouveau « marché parallèle » à destination des mineurs n'est pas sérieuse. On s'en rend compte aux États-Unis où l'alcool est interdit aux mineurs sans susciter de trafic.

À ces restrictions concernant tous les usagers, on peut en ajouter d'autres concernant les toxicomanes dangereux pour autrui telles les femmes enceintes à l'égard de leurs enfants. Dans cette hypothèse, un mécanisme de saisie d'un tribunal civil sur le modèle de celui des alcooliques dangereux pour autrui [7] pourrait être mis en place. Sous la forme, par exemple, d'un traitement obligatoire pendant la durée de la grossesse. À nouveau la ligne de partage entre liberté et contrainte est fixée par la distinction entre l'usage nuisible au seul individu, et les abus portant préjudice aux tiers.

Cela ne signifie pas pour autant qu'il faille se désintéresser de la santé des autres usagers. Toutes les drogues sont plus ou moins dangereuses, même le cannabis souvent présenté comme inoffensif, alors qu'il est susceptible d'abus. Il appartient donc à l'État distributeur de protéger la santé de ses ressortissants grâce à des contrepoids sanitaires et sociaux adaptés à la dangerosité de chaque substance.

Le premier contrepoids est l'existence du monopole d'État qui soustrait les substances au droit commun de la concurrence. Cette soustraction part du principe que les drogues ne sont pas des marchandises comme les autres. En raison de leurs propriétés psychotropes et toxicomanogènes, elles n'ont aucune difficulté à se répandre dans la société. Il est donc inutile d'en activer le commerce. D'où la formule : *à substances psychoactives commerce passif*. La théorie du commerce passif vise à supprimer les pratiques qui constituent un encouragement à produire, à vendre ou à consommer.

---

7. Sur ce régime, cf. CABALLERO F. et BISIOU Y., *op. cit.*, n° 211 *sqq*.

*Toute forme de promotion des ventes est donc strictement interdite.* Certains attributs du commerce ordinaire sont même refusés au producteur distributeur (droit aux marques, enseignes, publicité...). Le refus du droit des marques, tout à fait exceptionnel, est justifié par le fait que la marque commerciale est un puissant moyen de promotion des produits. L'exemple du tabac est là pour le prouver. Les produits sont donc vendus sous leurs appellations d'origine pour les drogues naturelles, et sous leur dénomination pharmacologique pour les drogues synthétiques. Ainsi le cannabis est-il suffisamment désigné par sa zone de production (Aquitaine, La Réunion, Colombie, Maroc...) et son nom local (marie-jeanne, « zamal », marihuana, « kif »...).

*L'information des consommateurs* ne s'arrête pas là. Elle s'étend tout d'abord à la composition des produits. Ainsi pour le cannabis en herbe ou en résine, le taux de tétra-hydrocannabinol, le principe actif de la plante, est-il précisé, en même temps que sont fournis des conseils d'utilisation et des précautions d'emploi. Il importe en effet de préciser aux consommateurs les limites entre l'usage et l'abus de façon à ce qu'ils s'autocontrôlent. Car il ne fait pas de doute que l'on peut consommer du cannabis, de la cocaïne, et même des opiacés, héroïne comprise, de façon relativement modérée. La légalisation contrôlée est à ce titre une école de modération.

On peut en tout état de cause éviter l'overdose. L'information sur les dangers des produits jointe à leur qualité constante doit permettre en effet de prévenir les surdoses accidentelles. Aussi paradoxal que cela puisse paraître, la légalisation contrôlée devrait ainsi sauver la vie de centaines de toxicomanes, comme la légalisation de l'IVG a sauvé la vie de centaines de femmes qui mourraient d'avortements clandestins. D'autant que la distribution des produits se fait sous contrôle médical ou paramédical. Si pour les drogues douces, une information mise à jour par un Comité scientifique indépendant du monopole suffit, pour les drogues dures, elle doit s'accompagner d'un encadrement psycho-pharmacologique plus accentué.

Indépendamment d'un suivi médical facultatif et gratuit assuré dans les magasins ou dispensaires, les usagers bénéficient d'une véritable politique de prévention de l'hépatite et du Sida. Cette politique s'illustre notamment par des programmes d'échange des seringues ou de distribution de produits de substitution. Elle est déjà largement entamée à l'étranger, et depuis quelques années en France, sous le nom de « politique de réduction des risques ». La distribution de méthadone évite ainsi au toxicomane la prise de drogues injectables, plus dangereuses et plus toxicomanogènes, et lui permet en définitive de mener une vie normale. Il cesse de ce fait d'être un délinquant et d'être exclu de la société. La légalisation contrôlée est un instrument de lutte contre l'exclusion.

C'est aussi *un moyen de financer les coûts sociaux* des abus toxicomaniaques qui risquent malheureusement de se produire. Des abus qui exigeront comme par le passé des traitements de désintoxication, d'ailleurs offerts en permanence dans les centres de distribution. Leur financement est assuré par une taxe prélevée à la source sur le prix de vente de drogues légalisées au profit de la Sécurité sociale, à la façon de la vignette anti-alcool ou anti-tabac. Les usagers de drogues douces, bien que non toxicomanes, contribuent eux aussi à la taxe par solidarité avec les usagers de drogues dures. De la sorte, la désintoxication reste à la charge des seuls usagers, et non plus de l'ensemble des citoyens. La légalisation contrôlée est fiscalement plus juste que la prohibition.

Elle est aussi plus performante économiquement. Grâce à des possibilités de réduction des prix considérables, les monopoles seront en mesure de mener *une véritable politique sanitaire et sociale*. Haute rémunération des personnels et des planteurs titulaires de contrats de culture en échange d'obligations strictes, taxation différenciée des produits pour orienter la demande vers les drogues les plus douces, TVA des produits de luxe, vignette Sécurité sociale, etc. Le résultat le plus clair est la création de plusieurs milliers d'emplois dans l'agriculture, le commerce, l'industrie, la pharmacie et la médecine… Des emplois stables qui allégeront au surplus les charges improductives du système judiciaire, douanier et policier. La légalisation contrôlée contribue ainsi à la lutte contre le chômage.

Est-ce à dire qu'elle n'ait que des avantages et ne soit elle-même assortie d'aucun effet pervers ? Ne risque-t-on pas à terme une explosion de la demande, voire selon certains, l'apparition d'une « nation de zombies » ? Si tel était le cas, le remède serait pire que le mal.

Mais le pire est loin d'être sûr. Les expériences embryonnaires de légalisation entreprises dans le passé où à l'étranger tendent à prouver le contraire. Et ceci aussi bien pour les drogues douces que pour les drogues dures. Ainsi en Hollande la légalisation de fait du cannabis n'a nullement entraîné une explosion de la demande, contrairement à certaines affirmations tendancieuses sur Amsterdam. De même, les programmes de réduction des risques entrepris en Angleterre, en Suisse, et en France montrent que les toxicomanes « décrochent plus facilement » de l'héroïne vers les drogues de substitution et même vers l'abstinence. C'est la désescalade en quelque sorte. De façon plus générale, un système de légalisation contrôlée favorise la demande de drogues douces au détriment de celle des drogues dures, alors qu'un système de prohibition fait exactement le contraire.

Compte tenu cependant des incertitudes qui entourent encore un tel système, une période probatoire paraît indispensable. On pourrait commencer avec le cannabis et sa résine et, comme pour l'avortement, établir un bilan de l'expérience après cinq ans d'exercice du monopole. Une commission d'experts se verrait confier une mission de contrôle du contrôle, pour dire si l'expérience doit être continuée, modifiée ou interrompue. Ainsi, après plusieurs décennies de ce que Thomas Szasz qualifie justement de « plus longue guerre du XX$^{e}$ siècle », viendrait le temps de l'armistice, et à l'aube du XXI$^{e}$ siècle, devant la probable supériorité du dialogue sur la violence et de la liberté sur la contrainte, le temps retrouvé d'une certaine forme de *paix à la drogue*. À tout le moins, il est urgent de remplacer la guerre contre la drogue par la lutte civile contre l'abus des drogues.

# Les usages sociaux de l'interdit dans le champ des drogues

Serge Karsenty

Dans l'histoire des savoirs inventoriés à ce jour, il peut paraître étrange que le mot « prohibition » ne renvoie majoritairement, ni à une doctrine juridique, ni à la science politique, et pas davantage à la science des normes sociales que constitue la sociologie. Si l'on essaye, par exemple, d'introduire une requête à partir de « prohibition » puis « interdit » auprès du moteur de recherche d'une encyclopédie reconnue [1], on obtiendra : « prohibition (1919-1933) » et « prohibition de l'inceste ». « Interdit » renverra à deux séries d'articles : « interdit – psychanalyse » et « interdit – anthropologie ». Ainsi, à l'exception de la célèbre prohibition de l'alcool aux États-Unis d'Amérique voici plus de 80 ans, la notion d'interdit légal et démocratique n'a pas égalé en importance celle des religions et des sociétés traditionnelles au point qu'on trouve utile de la commenter. Encore faudrait-il ajouter qu'à l'unanimité des analystes, la référence à la prohibition américaine s'inscrit dans le registre de l'erreur, de l'échec et du contre-modèle.

Interdire par la voie du droit ne serait donc pas une doctrine de gouvernement, ni un bon moyen de maintenir le lien social en tenant les sociétés à l'abri du crime. Dans le cas contraire, les disciplines spécialisées auraient pu souhaiter observer l'origine de ce processus, en analyser les fondements et en évaluer l'efficacité. L'interdit qui intéresse les sciences humaines et sociales reste dans le champ de la religion, de l'anthropologie culturelle, du psychisme individuel. Sa figure majeure demeure la *prohibition de l'inceste*. Dans un monde laïcisé, la transgression de cette dernière semble relever de la pathologie individuelle plutôt que de la rébellion contre l'ordre établi. Il y a parfois ambivalence mais elle se présente en double échec plutôt qu'en double solution. La pédophilie constitue, par excellence, le domaine dans lequel la société admet la double identité du coupable : criminel *et* psychopathe. Mais on voit bien dans quelle impasse problématique la met cette posture. D'une part, l'interdit légal n'éradique pas la perversion. D'autre part, même obligatoire et assorti d'incarcération, le traitement thérapeutique, à lui seul, ne manifeste pas suffisamment la réprobation sociale à l'égard de cet égarement criminel.

1. *Encyclopaedia Universalis* sur CDrom, version 9, 2003.

Mais l'interdit légal n'est pas seulement, loin s'en faut, la transcription soupesée des diverses « tables de la loi » et péchés capitaux dans le code pénal. Il a aujourd'hui une double nature.

Dans les démocraties des pays développés et, en général, dans les états non-théocratiques, le législateur n'aime pas, autrement que pour le symbole, reprendre à son compte les interdits culturels car il sait combien sont dérisoires les sanctions qu'inflige la loi comparées au poids de la réprobation sociale et à la crainte des châtiments divins. En revanche, la vie sociale est soumise à un jeu d'interactions croissantes que l'institution du marché ne peut réguler de façon satisfaisante. Les sujets de droits obtiennent de plus en plus fréquemment que ceux-ci soient reconnus et écrits, comme l'a bien prédit Max Weber. Ils le sont, mais entraînent nécessairement l'édiction de limites et d'exclusions. Ainsi, par exemple, la libre présence de l'automobile dans l'espace urbain allait de soi au moment de l'invention de la voiture à moteur. Le nombre de voitures et l'expérience de leurs dangers a entraîné les nombreuses interdictions que nous connaissons et qu'en général nous approuvons. Y-a-t-il une radicale nouveauté dans cette *trivialisation* constante des interdits ? Oui et non. La nouveauté est à la mesure des nécessités inattendues que crée la vie sociale contemporaine. Le citoyen athénien du V$^{e}$ siècle avant notre ère pouvait imaginer que la puissance publique impose des règles du jeu à la circulation des hommes et des marchandises au centre des villes. Il aurait eu du mal à concevoir qu'un jour, certaines interdictions de stationnement s'appliqueraient aussi aux corps physiques de citoyens égaux en droit. Pourtant nous y sommes...

À côté des interdits culturels fondamentaux repris de façon maladroite, – parfois ridicule, comme en témoignent les diverses interprétations pénales de la prohibition de l'inceste –, incomplète, symbolique ou inefficace, par la loi démocratique, le droit des pays les plus développés, imité par une grande quantité de pays moins démocratiques qui y voient néanmoins un incontestable outil d'ordre social, a donc institué une pléthore d'interdits triviaux, sans prétention à guider l'homme vers le salut. Ils visent, pour l'essentiel, à pallier les imperfections du marché, les « externalités » par lesquelles un individu est non seulement libre de nuire à autrui mais n'est pas tenu de réparer de façon automatique le dommage créé par un équivalent monétaire, et cela d'autant moins que, souvent, la victime n'est pas identifiable ou se fond dans un ensemble social aux contours indistincts.

Tout se passe donc comme si le droit enregistrait deux sortes d'interdits : ceux de la religion et de la tradition, d'une part, dont il n'est pas dit qu'il les justifie, ni qu'il les garantit ; et d'autre part ceux, beaucoup plus immanents, qui servent de codes pratiques au fonctionnement social pour que chacun ne nuise pas à autrui.

Dans ce paysage, ici contrasté jusqu'à la caricature, où se situent les interdits relatifs aux drogues ?

Il apparaît que leur fondement est mouvant. La défiance à l'égard de l'alcool est ancienne. Pour l'islam c'est un interdit majeur, encore plus rigoureux que pour le tabac, le cannabis ou même l'opium. Comme à l'égard de l'alimentation, les religions, premières ou monothéistes, ont édicté des interdits ou sacralisé et encadré l'usage des drogues. Les États modernes ont essayé de laïciser la défiance des églises.

Beaucoup l'ont fait en instituant des monopoles d'État, les « régies » de l'alcool et du tabac. La plupart ont décrété illicite ce qui était lointain, mal connu ou susceptible d'aggraver le déficit du commerce extérieur. La médecine a tant bien que mal justifié l'identification des drogues dangereuses.

Lorsqu'en 1975, un certain nombre d'intellectuels parisiens décident de signer le « Manifeste du 18 joint » pour demander la dépénalisation du cannabis, ils ne doutent pas que l'interdit qui frappe cette substance soit du premier type. Il s'agit, pour la plupart d'entre eux, de résister à une pure et simple répression du plaisir par une société qui canalise les énergies ainsi récupérées vers le travail et la famille. Pourquoi, autrement, interdire l'usage d'une substance qui n'a jamais fait aucun mal à personne ? Le courant anti-autoritaire qui les porte et s'exprime sans frein dans le quotidien *Libération* de l'époque ne s'arrête pas à la mise en cause de l'interdit sur les drogues. C'est une nouvelle bataille pour la laïcité des lois qui fait rage. Pourquoi l'État s'immisce-t-il dans la conduite des désirs des citoyens, la maternité des femmes ou les préférences sexuelles, si ceux-ci sont sans effets néfastes sur autrui ? Si mai 68 a décrété qu'il est « interdit d'interdire », ce n'est pas que la génération qui s'y reconnaît nie l'intérêt qu'il y ait des feux rouges pour régler la circulation. Elle entend simplement se débarrasser des interdits qui n'ont pas pour fondement le respect d'autrui et la cohérence du fonctionnement social. L'interdit de la tradition est sommé de dire son sens ou de disparaître. Dans l'État laïque, chacun est libre de mettre sa propre vie à l'unisson de ses croyances religieuses, mais le droit pénal ne peut ni ne doit servir de « coup de pouce » légal lorsque les consentements à la morale religieuse ne mènent pas à une bonne observance.

Dans l'histoire de l'interdit sur les drogues, la réflexion juridique de Francis Caballero, le rapport Roques en France ou les conclusions du Sénat fédéral canadien, représentent les étapes majeures d'un raisonnement qui souhaite remettre à plat la cohérence des contenus du droit. Si on débarrasse la prohibition des drogues des justifications qu'elle s'est donnée a posteriori et qui ne reposent pas sur des bases réellement scientifiques, que reste-t-il de la distinction entre drogues légales et illégales à part une tradition bien-pensante fort arbitraire ?

Par ailleurs, l'idée que l'interdit est inefficace lorsqu'il cherche à endiguer le désir est fréquemment développée dans les milieux intellectuels de la génération « mai 1968 ». Selon certains, peu soucieux d'accompagner leur raisonnement de la moindre preuve empirique, interdire avive le désir de transgression. On est ici à la fois dans le registre biblique (l'envie de la pomme n'existe qu'en raison de sa prohibition) et dans celui de la psychanalyse.

L'interdit sur les drogues est donc menacé par la raison laïque. La prohibition américaine de l'entre-deux guerres amène sa provision d'arguments à charge. Que sont les dommages de l'alcool comparés à ceux qui seraient entièrement imputables à l'illégalité de son statut ? Quelle délinquance liée aux drogues reste observable si l'on soustrait celle qui est liée à l'appât de gains importants sur les marchés clandestins ?

## L'émergence d'une nouvelle légitimité : l'interdit de santé publique

Production, vente et usage de l'alcool et du tabac étaient parfaitement licites en 1998 en France. Cannabis, opiacés, cocaïne, champignons hallucinogènes ou drogues de synthèse étaient parfaitement illicites. Le gouvernement français de l'époque décida, non pas de modifier ces statuts, mais de réunir les efforts de lutte contre les risques de l'ensemble des substances psycho-actives au sein d'un même organisme interministériel, la MILDT (Mission Interministérielle de Lutte contre les Drogues et la Toxicomanie), autrefois dévolue à la lutte contre les seules drogues illicites et les toxicomanies qui leur étaient liées. Il est particulièrement intéressant de voir comment le soutien de cette nouvelle orientation politique fut alors accordé par des acteurs différents pour des motifs diamétralement opposés. Du côté de ceux qui souhaitaient la réforme de la loi de 1970 pénalisant l'usage de toute drogue illicite, il s'agissait d'un geste d'espoir permettant d'entrevoir, sinon une légalisation contrôlée de toutes les drogues, du moins l'abandon progressif d'un traitement pénal au profit d'une approche médicale globalisante, l'addictologie. Celle-ci mettait l'accent sur la « réduction des risques », étalonnant ces derniers, à l'image de la consommation d'alcool, sur trois étages à ne pas confondre : l'usage, l'abus et la dépendance, ou encore, cherchait à distinguer les usages simples et les usages problématiques. Sur l'autre bord, les plus fervents militants de la cause anti-alcoolique et anti-tabagique furent largement satisfaits de voir les deux produits les plus dangereux pour la santé enfin qualifiés de drogues comme il se devait et donc fermement placés par les pouvoirs publics à l'entrée d'un chemin de « dénormalisation », sinon d'interdiction pure et simple.

Comment s'expliquer le croisement paradoxal de ces deux courants dessinant des ciseaux ouverts sur les coordonnées du temps et de la demande de contrôle étatique ? L'un souhaite descendre vers une banalisation indifférenciée et dépénalisée du traitement social des drogues, l'autre souhaite durcir par la loi la pression sociale contre des produits dangereux, vis-à-vis desquels les adultes eux-mêmes ne peuvent être considérés – puisqu'il s'agit de drogues – comme en état de libre-arbitre. On pourrait suggérer, en guise d'explication, que l'un a connu le lamentable échec de la prohibition des usages, et que l'autre a connu les ravages de masse entraînés par la légalité des produits et leur industrialisation.

Manifestement, la légitimité de l'interdit sur les drogues connaît une crise historique. En tant qu'il est assimilé à une répression du plaisir et à une normalisation sociale des modes de vie et des préférences individuelles, cet interdit est désormais condamné. Cette condamnation est même allée assez loin dans des expressions trahissant l'énervement et la fatigue intellectuelle. La formule propagandiste immature et démagogique selon laquelle « il n'y a pas de sociétés sans drogues » a pu, un temps, griser beaucoup de ceux qui n'auraient pas accepté qu'une telle méthode d'analyse et de traitement des problèmes s'applique également au racisme, aux accidents de la route ou aux violences conjugales.

De cette condamnation, faut-il que la loi prenne acte ? Sans doute, car même si une nouvelle légitimité imposait à nouveau des interdits, ils devraient être différemment formulés et différemment contrôlés.

Tournant le dos à l'interdit moral et religieux dont l'arbitraire paraît aujourd'hui intolérable à beaucoup de nos contemporains, il faut examiner si les objectifs de santé publique fondent une nouvelle légitimité aux éventuelles limitations de la liberté de produire et de consommer des substances psycho-actives, comme les activistes de la lutte contre le tabagisme en sont arrivés à le penser après l'expérience de dommages non réductibles par la seule approche « éducative ».

Quelles que soient les atteintes à la santé, nous avons suggéré que, de façon universelle, trois critères de légitimation des politiques publiques de prévention sont toujours, seuls ou combinés, les conditions nécessaires au consentement de ceux auxquels elles s'appliquent[2].

– Le risque doit être invisible par ses victimes potentielles. Sa connaissance doit exiger une expertise indépendante que seuls les pouvoirs publics sont en mesure de déclencher et de mener à bien.

– Le risque doit créer des « externalités négatives » à l'encontre de victimes qui n'ont pas participé à la prise de risque.

– La lutte individuelle contre le risque doit être techniquement impossible.

Si l'on peut admettre qu'un grand nombre des externalités négatives de la consommation de drogues, et, en particulier, la criminalité organisée, seraient annulées dès lors qu'on entrerait dans un régime de légalisation contrôlée, rien ne serait profondément modifié quant à la visibilité des risques sanitaires représentés par ces produits. Leur toxicité est toujours masquée de diverses manières. L'expérience individuelle des drogues peut difficilement servir de test d'innocuité. En effet, à l'exception des overdoses, les effets délétères sont très souvent différés dans le temps. Et surtout, les sensibilités individuelles aux produits révèlent une considérable inégalité entre les individus, cette caractéristique paraissant atteindre un record en ce qui concerne le cannabis. Que dire enfin de l'intégrité du libre-arbitre du consommateur quand on sait que, dans la plupart des décisions de prendre un produit psychoactif à un moment donné, l'anticipation de la souffrance du manque, qu'elle soit physique ou psychologique, supplante et surdétermine celle du plaisir à prendre ?

Une fois posée la légitimité de l'action publique se pose la question des moyens. Même si les effets des drogues sur la santé sont globalement très négatifs, en interdire l'usage, la production, la vente, est-ce efficace ? Est-ce conforme à une idée de la liberté individuelle pour laquelle beaucoup seraient prêts à admettre la persistance de quelques « dégâts collatéraux » ? Ne pas le faire, serait-ce plus efficace ? Et serait-ce socialement équitable ?

On peut imaginer un monde dans lequel, parvenu à l'âge adulte, un individu dûment informé des risques qu'il encourt doit avoir le droit de mettre en jeu sa santé si tel est son plaisir. Il est plus naïf d'imaginer qu'une fois muni du mode d'emploi des drogues selon le triptyque administrativement édicté par l'OMS de « l'usage », de « l'abus » et de la « dépendance », on arrive à générer une société de « goûteurs », se tenant strictement à l'écart des consommations dites pudiquement « problématiques ». Le propre de l'addiction, quelles que soient ses causes, sociales, psycholo-

2. Karsenty S., « Santé publique et décisions privées », *Promotion & Education*, revue de l'Union Internationale de Promotion et Éducation pour la Santé, Vanves, mars 1995, p. 31-36.

giques, pharmacologiques ou génétiques, est de modifier subjectivement, jusqu'au suicide, les valeurs du rapport bénéfices/risques à l'origine de toute décision. Face à la drogue, le principe de protection d'une population entière est donc également légitime. Cette légitimité redouble lorsqu'on invoque l'équité. Comment imaginer que l'information épidémiologique parvienne à tous avec une égale acuité ? Comment ne pas voir que les risques sont plus facilement pris par ceux dont le présent est malheureux et l'avenir imprévisible quoi qu'il en soit ? Que vaut enfin la protection des consommateurs de drogues extraits du système pénal au prix d'une médicalisation avilissante, masquant la pauvreté de ses interventions par leur durée, leur prix et la bonne volonté de ses opérateurs ? N'est-elle pas, dès aujourd'hui, l'aperçu modeste de ce que seraient, sans prohibition, les flux de consommateurs libres mais embobinés dans la relation à leur produit au point de faire chroniquement et massivement appel à de coûteuses et incertaines solutions médicales de « désintoxication » ?

D'un autre côté, comment cesser de penser la prohibition en termes de norme de conduite morale personnelle ? En ce point de notre raisonnement, la logique voudrait que l'on dissocie totalement l'usage des drogues lorsqu'il ne nuit pas à autrui d'une part, et la production et la vente de celles-ci, d'autre part. Le contrôle de l'offre est effectivement du ressort de la protection étatique. L'usage de drogues par un consommateur n'est que la conséquence de l'échec de ce contrôle. Il ne sert à rien de pénaliser un symptôme. Casser les thermomètres de l'impuissance publique à enrayer la distribution industrielle, souterraine ou apparente, des produits fait office de misérable alibi quand il s'agit d'une mission de santé publique.

Ainsi, malgré l'insatisfaction où nous jette la solution d'une restriction publique totale ou partielle sur l'offre des produits psychoactifs, force est de constater que les alternatives au devoir de protection de l'État sont précaires et spéculent sur la possibilité d'une maîtrise, autonome ou médicalisée, de la dépendance.

Un autre argument empêche d'adhérer à cet idéal de liberté adulte et autonome. Les décisions de nos contemporains ne sont jamais le résultat d'une rencontre en terrain nu entre des désirs sans rationalité d'une part, et des connaissances neutres qui viendraient les « refroidir » ou les encadrer. Leur univers est quadrillé, perclus, saturé de signes. Les vendeurs de tous bords y détiennent et cultivent leurs plates-bandes. Dans cet univers du signe, il faut se demander ce que vaut l'information épidémiologique et comment elle parvient à des destinataires inégaux. L'absence d'interdit est malheureusement vécue comme un signe d'innocuité pour beaucoup de ceux qui considèrent que la protection de la santé a été, une fois pour toutes, confiée à l'État et aux escadrons d'experts qu'on imagine dévoués à son service. Ainsi, indépendamment de son rôle normatif, souvent diminué par la possibilité d'échapper facilement aux sanctions, tout se passe comme si l'interdiction était un élément de la perception du risque et, de ce fait, constituait une aide à la décision individuelle de s'abstenir de consommer.

Dans un univers où les plaisirs sans risques ne manquent pas, loin de s'arrêter, paralysé de colère et de frustration, devant la barrière de l'interdit en contemplant avec fascination les prétendus délices exclusivement regroupés dans les pâturages des paradis artificiels, le sujet de désir des sociétés contemporaines se conduit de façon plus pragmatique que l'imagine notre démon libertaire. Il jette sur la liste de ce qui est interdit, déconseillé ou autorisé, un œil à peine plus tourmenté que ne le fait sur les panneaux routiers l'automobiliste qui cherche à garer sa voiture. Et il change d'itinéraire avec plus de placidité que ne le croient les *fashion victims* des substances à qui un certain cinéma a appris qu'aucun bonheur ne peut se goûter sans un verre à la main ou une fumée à exhaler.

C'est cette problématique, nouvelle et inattendue, qui renforce l'intérêt de l'interdit : l'usage protecteur que lui confère le consommateur potentiel, incertain de ses connaissances ou conscient de la fragilité de ses propres déterminations. C'est là une autre « trivialisation » surprenante de la loi : son rôle de « prêt-à-penser » des conduites individuelles.

Il faudra donc dans l'avenir apprendre à regarder la prohibition des drogues comme définitivement « laïcisée ». Elle ne prétendra pas dire le Bien. Elle souhaitera simplement protéger la vie en prenant la mesure de ce qui la déflore et la menace. Elle le fera de plus en plus mécaniquement, sans discours et sans prétention humaniste déplacée, dans la simple connaissance statistique attristée des faibles capacités des communautés humaines à faire face, sans règle collective, à de nouveaux dangers industriels.

# Table des matières

Troisième partie

## LIMITES PRATIQUES ET THÉORIQUES DE L'INTERDIT LÉGAL



Quatrième partie

## ÉVOLUTIONS CONTEMPORAINES DES POLITIQUES PUBLIQUES

Achevé d'imprimer sur les presses de l'Imprimerie BARNÉOUD
B.P. 44 - 53960 BONCHAMP-LÈS-LAVAL
Dépôt légal : octobre 2005 - N° d'imprimeur : 509.116
*Imprimé en France*